高等院校计算机教育系列教材

高级语言程序设计——Visual Basic

刘立群　刘　冰　邹丽娜　编　著

清华大学出版社
北　京

内 容 简 介

本书针对程序设计的初学者而编写。全书共分 7 章，由浅入深地介绍了 Visual Basic 6.0 的编程环境、窗体和控件的使用，常用事件和方法，程序的基本结构，数组和过程，菜单和通用对话框等常用知识。本书针对初学者的特点，采用案例式教学方式编写，注重知识点与实例的结合，讲解系统，介绍详细，目的是让读者在接触编程之初打下良好的基础。本书采用立体化课程资源建设，视频课程、例题等数字化资源都可以通过书上的二维码扫描浏览。另外，随本书另有配套的实训教材，内有大量的编程练习。

本书内容丰富、简明易懂、实例充足，除可作为高等学校 Visual Basic 程序设计课程的教材外，还可作为读者自学程序设计课程的辅助材料。

图书在版编目(CIP)数据

高级语言程序设计——Visual Basic/刘立群，刘冰，邹丽娜编著. —北京：清华大学出版社，2018
(高等院校计算机教育系列教材)

ISBN 978-7-302-50252-4

Ⅰ.①高…　Ⅱ.①刘…　②刘…　③邹…　Ⅲ.①BASIC 语言—程序设计—高等学校—教材　Ⅳ.①TP312.8

中国版本图书馆 CIP 数据核字(2018)第 114827 号

责任编辑：陈冬梅
装帧设计：杨玉兰
责任校对：李玉茹
责任印制：丛怀宇
出版发行：清华大学出版社
　　　　　网　　址：http://www.tup.com.cn, http://www.wqbook.com
　　　　　地　　址：北京清华大学学研大厦 A 座　　　　邮　编：100084
　　　　　社 总 机：010-62770175　　　　　　　　　邮　购：010-62786544
　　　　　投稿与读者服务：010-62776969, c-service@tup.tsinghua.edu.cn
　　　　　质量反馈：010-62772015, zhiliang@tup.tsinghua.edu.cn
　　　　　课件下载：http://www.tup.com.cn, 010-62791865
印 装 者：三河市少明印务有限公司
经　　销：全国新华书店
开　　本：185mm×260mm　　　印　张：14.75　　　字　数：358 千字
版　　次：2018 年 7 月第 1 版　　　　　　　　印　次：2018 年 7 月第 1 次印刷
定　　价：39.80 元

产品编号：078072-01

前　言

　　Visual Basic(VB)是由微软公司开发的面向对象的、事件驱动的可视化编程语言。由于其功能强大、语法简单、容易掌握，用户可以轻松的使用 VB 提供的组件快速建立一个应用程序，所以 VB 语言既适合作为专业开发者的开发平台，也适合作为初学编程者的教学语言。

　　教育部高等学校非计算机专业计算机课程教学指导委员会对"大学计算机程序设计"类课程提出了明确的要求，把 VB 语言作为计算机基础课程的教学语言之一，很多高等院校普遍都开设了 VB 语言的学习课程。

　　本书的编者团队将多年的 VB 语言教学经验融入书中，使得本书具有以下特点：

　　(1)　知识严谨，表达简洁。本书主要是针对程序设计零基础的学生使用的，所以避免使用复杂的专业术语，力求语言简单，容易理解。

　　(2)　结构合理，符合认知规律。本书改变了传统的知识结构，在每章给出案例导学，通过案例使读者了解知识应用的情境，进而更好地理解知识的内容。

　　(3)　内容通俗，联系实际。以培养学生的实际应用能力为核心，选例力求联系实际，注重趣味性和实用性。

　　(4)　注重实践，操作性强。本书的配套教材《高级语言程序设计——Visual Basic 实训》也随本书同时出版，实训教材上有大量相关知识点的上机练习内容，可供学生实践课使用或者课外自学使用。

　　(5)　资源丰富，免费下载。本书和实训教材的相关视频讲解、知识点纲要、例题代码、教学课件、习题答案等数字化资源，都可以通过扫描书上相应的二维码下载或浏览，方便学生随时学习。

　　本书分为 7 个章节，第 1 章认识 Visual Basic，通过一个完整的 VB 编程过程来学习 VB 各方面的入门知识；第 2 章 Visual Basic 程序设计基础，详细讲解了 VB 语言的语法规则；第 3 章程序结构与算法，讲授了结构化程序设计的三种基本结构和经典算法；第 4 章常用标准控件，讲解了计算机程序界面中常见交互对象的使用；第 5 章数组和过程，讲解了编程过程中的两个重要概念；第 6 章键盘鼠标事件与菜单设计，主要学习人与计算机程序的交互方法；第 7 章通用对话框与文件操作，主要讲解文件系统和对话框设计的内容。

　　全书由刘立群、刘冰、邹丽娜共同编著，由于编者水平有限，书中难免存在不足之处，敬请专家和广大读者批评指正。作者邮箱地址：liuliqun@synu.edu.cn。

编　者

目 录

第1章 认识 Visual Basic

核心概念

面向对象　面向过程　集成开发环境　VB 程序开发步骤

 引导案例

传统房屋与即时房屋

建筑工作是一个既辛苦又高危的职业，我们身边的高楼大厦都是工人一砖一瓦砌起来的。抄平放线、摆砖样、砌筑、勾缝、楼层轴线的控制等，他们的每一道工序都需要遵守严格的标准，所谓"差之毫厘，谬以千里"。为保证建筑质量，工人们必须关注每一个细节。

据英国《每日邮报》2014 年 4 月 17 日报道，英国首批由起重机建造的"即时房屋"问世。"即时房屋"是指由工厂建造的房屋半成品，它们由卡车运送到指定地点后，再通过起重机进行安装组合。这样的"即时房屋"只需三周便能完工。此外，"即时房屋"还能有效抵御恶劣天气并且超级节能。它的建造过程也十分安静，不会打扰到周围的居民。

"即时房屋"的出现改变了我们对传统建筑行业的印象，如果未来的房屋建造能够采用这样的方式，那么盖房子就变得像搭积木一样简单了。那种尘土飞扬、吵嚷喧嚣的施工现场就不复存在了。也许在不远的将来，房屋的私人定制也会成为可能，那时候我们只需要定制好房屋组件，找一处春暖花开之处，就可以开始组装自己的梦想家园了。我们唯一需要关心的是组件的规格尺寸、功能划分和需求设计，以及组件间的衔接。

 案例导学

Visual Basic 6.0 是一种由微软公司开发的面向对象的、结构化的、事件驱动为机制的可视化程序设计语言。对象是 VB 编程的核心，那么，什么是面向对象？

常用的程序设计方法有两种：面向过程的程序设计和面向对象的程序设计。

在面向过程程序设计中，问题被自顶向下、逐步求精地分解为一系列函数过程，解决问题的焦点集中于函数的代码。可使用三种基本控制结构(顺序、选择、重复)构造程序。

在面向对象程序设计中，程序设计以对象为中心，对象是程序设计的基本单元。它将程序和数据封装其中，以提高软件的重用性、灵活性和扩展性。

面向过程的程序设计方法就如同引例中传统房屋的建造方式，程序被看作是一系列函数的集合，程序员需要更多地关注程序设计的每一个细节。面向对象程序设计方法就如同"即时房屋"，一些基本功能的程序被封装为各自独立的对象(组件)，程序设计更多的是关注对象的属性、事件和方法。编程序就如同搭积木一样，选择合适组件(对象)，根据规格尺寸(属性)和具备功能特点(方法)，再加上一些设计的理念(事件代码)，即可编制完成。

1.1 Visual Basic 概述

BASIC 是 Beginner's ALL-purpose Symbolic Interchange Code(初学者通用符号代码)的缩写。Visual Basic 是由微软公司开发的程序设计语言。Visual 指的是可视化的编程方法，即不需编写大量代码去描述界面元素的外观和位置，只要把预先建立的对象添加到屏幕上即可方便地开发图形用户界面(GUI)。它简化了复杂的窗口程序编写过程，让编程者将更多的精力致力于问题的求解过程。

1.1.1 Visual Basic 的特点

20 世纪 70 年代末，微软公司在当时的 PC 机上开发了第一代 Basic 语言，成为当时非常流行的编程工具。20 世纪 90 年代初，由于 Windows 开始由命令行方式向图形用户界面方式转变，微软公司开始把 Basic 语言向可视化编程方向发展，于是就有了第一代的 Visual Basic。Visual Basic 升级了数次，在 1998 年推出 Visual Basic 6.0(以下简称 VB 6)版时，VB 又在数据访问、控件、语言、向导及 Internet 支持等方面增加了许多新的功能，在开发环境、功能上进一步完善和扩充，尤其在数据库管理、网络应用方面更胜一筹。

VB 6 版本之后，微软公司推出了更适合于 Web 应用程序的 VB.NET。它是基于微软.NET Framework 的面向对象的中间解释性语言，可以看作是 Visual Basic 在.NET Framework 平台上的升级版本，是完全面向对象的编程语言。VB.NET 的 90%语法与 VB 6 保持一致，而且 VB 6 的开发环境更简单，对于初学者来说更容易学习和掌握。本书中的内容均基于 VB 6，所有程序都在 VB 6 企业版下运行通过。

VB 主要有以下特点。

1．可视化的编程工具

VB 提供了可视化的程序设计工具，程序设计者只需从工具箱中取出所需"控件"，将其放置到窗体的指定位置构成用户界面，并设置这些图形对象的属性，VB 会自动生成界面设计代码，从而大大提高了程序设计的效率。

2．面向对象的程序设计思想

面向对象是一种全新的设计和构造软件的思维方法。它把程序和数据封装起来作为一个"对象"，并赋予每个"对象"应有的属性。程序设计者在设计对象时，不必编写建立和描述每个对象的程序代码。这样，既大大节省了程序的开发时间，也降低了编程的难度。

3．事件驱动的编程机制

传统的程序设计方法是面向过程的，程序设计者必须根据程序要实现的功能，写出一个包括主程序和若干个子程序的完整程序。因此，程序设计者必须考虑程序运行的每一个细节，对编程人员要求较高。VB 改变了传统的编程机制，程序中没有明显的主程序，程序执行的基本方法是由"事件"来驱动子程序。

4．结构化的程序设计语言

VB 具有高级程序设计语言的语句结构，接近自然语言和人类的逻辑思维方式。VB 是解释型语言，在输入代码的同时，解释系统可以自动进行语法检查，及时提示语法错误。在利用 VB 设计应用程序的过程中，随时可以运行程序、调试程序、查看程序的运行结果。

5．强大的数据库功能

VB 具有很强的数据库管理功能。利用数据控件和数据库管理窗口，可以直接建立或处理 Microsoft Access 格式的数据库，并提供强大的数据存储和检索功能。同时，功能强大的 ADO(Active Database Object)技术还能直接编辑和访问其他外部数据库，如 Visual FoxPro、Oracle 等，从而使网络数据库的开发更加快捷简单。

6．网络功能

VB 提供了 IIS 和 DHTML(Dynamic HTML)两种类型的程序设计方法，用来编写 Internet 上的应用程序。利用它们进行程序设计，程序设计者不需要学习编写脚本和操作 HTML 标记，就可以开发出功能很强的基于 Web 的应用程序。

1.1.2　Visual Basic 的启动、退出及集成开发环境

1．Visual Basic 的启动方法

开机并进入 Windows 后，启动 VB 的方法如下。

方法一：在桌面上双击 Visual Basic 6.0 的快捷方式。

方法二：选择"开始"菜单中的"程序"命令，
找到"Microsoft Visual Basic 6.0 中文版"，选择
"Microsoft Visual Basic 6.0 中文版"选项，即可进入
VB 集成开发环境的"新建工程"窗口，如图 1.1 所示。

"新建工程"窗口上有"新建""现存""最
新"3 个选项卡。"现存"列出了已经存在的应用程
序文件列表。"最新"列出了最近使用过的应用程序
文件列表。在"新建"选项卡中选择相应的程序类
型，单击"打开"按钮可以建立新的应用程序，其中
"标准 EXE"为默认程序类型。

图 1.1　"新建工程"窗口

小贴士

在"新建"选项卡中的程序类型如下：

(1) 标准 EXE：建立一个标准的 EXE 工程。

(2) ActiveX EXE 和 ActiveX DLL：这两种应用程序只能在专业版和企业版中建立。
功能上两种程序是一致的，只是包装不同。前者包装成 EXE(可执行)文件，后者包装成
DLL(动态链接库)。

(3) ActiveX 控件：只能在专业版或企业版中建立，主要用于开发用户自己定义的
ActiveX 控件。

(4) VB 应用程序向导：该向导用于在开发环境下直接建立新的应用程序框架。

(5) 数据工程：主要提供开发数据报表应用程序的框架。

(6) IIS 应用程序：用 VB 代码编写服务器端的 Internet 应用程序。

(7) 外接程序：选择该类型，可以建立自己的 VB 外接程序，并在开发环境中自动打
开连接设计器。

(8) DHTML 应用程序：只能在专业版或企业版中建立。可以编写响应 HTML 页面操
作的 VB 代码，并可把处理过程传送到服务器上。

(9) VB 企业版控件：用来在工具箱中加入企业版控件图标。

在窗口中选择要建立的工程类型，如"标准 EXE"，然后单击"打开"按钮，可进入
VB 集成开发环境，如图 1.2 所示。

图 1.2　VB 集成开发环境主窗口

2. Visual Basic 的退出

退出 VB 环境返回到 Windows 的方法有 3 种。

方法一：选择 VB 菜单栏中的"文件 | 退出"命令。

方法二：按 Alt+Q 组合键。

方法三：单击 VB 窗口中的"关闭"按钮。

如果当前应用程序没有保存，系统将提示是否保存。此时，单击"是"按钮，则将文件保存后退出 VB；单击"否"按钮，则放弃保存直接退出。

3. Visual Basic 集成开发环境

VB 集成开发环境主要包括主窗口、窗体窗口、工程资源管理器、属性窗口、工具箱、窗体布局窗口和立即窗口。

1)　主窗口

VB 主窗口由标题栏、菜单栏和工具栏组成。

标题栏用来标识 VB 集成开发环境和当前打开的工程文件名(默认为"工程 1")。在标题文字后面的方括号中指出了当前工程所处的 3 种工作模式：设计模式、运行模式、中断模式。

VB 菜单栏提供了 13 组下拉菜单选项。常用的菜单有文件、编辑、格式和运行等。

VB 提供了编辑、标准、窗体编辑器和调试 4 种工具栏。VB 集成开发环境中的默认工具栏是"标准"工具栏，如图 1.3 所示，其常用工具按钮的功能说明如表 1.1 所示。显示或隐藏某个工具栏，可以选择"视图 | 工具栏"命令。

图 1.3　VB 集成开发环境中的"标准"工具栏

表 1.1　"标准"工具栏中常用工具按钮的功能说明

按钮名称	功　能
添加 Standard EXE 工程	添加一个新工程，相当于"文件"菜单中的"添加工程"命令
添加窗体	在工程中添加一个新窗体，相当于"工程"菜单中的"添加窗体"命令
菜单编辑器	打开菜单编辑对话框，相当于"工具"菜单中的"菜单编辑器"命令
打开工程、保存工程	打开一个已有的工程或保存一个工程
剪切、复制、粘贴	将选定内容剪切、复制到剪贴板及把剪贴板内容粘贴到当前插入位置
启动、中断、结束	运行、暂停、结束一个应用程序
工程资源管理器	打开或切换至工程资源管理器窗口
属性窗口	打开或切换至属性窗口
窗体布局窗口	打开或切换至窗体布局窗口
工具箱	打开或切换至工具箱，相当于"视图"菜单中的"工具箱"命令

"标准"工具栏的右边有两个显示区域，用于显示当前窗体或当前控件在其父对象中的位置和大小，如图 1.4 所示。

```
 ⌐  0, 0      ⌐ 4800 x 3600
```

当前所设计的窗体　窗体宽度　窗体
的左上角的坐标　　　　　　高度

图 1.4　工具栏右侧显示区域

2)　窗体设计器窗口

窗体设计器窗口位于集成开发环境的中间，简称窗体(Form)，是应用程序的用户界面。每个窗体都有唯一的名称标识，按照建立窗体时的顺序默认名称为 Form1、Form2 等。

> **小贴士**
>
> 一个 VB 应用程序可以包含多个窗体(最多可达 255 个)，但至少要包含一个窗体，一个窗体最多可以容纳 255 个控件。新建一个工程，工程下默认包含一个窗体，默认名为 Form1。窗体的标题栏显示该窗体的名称和窗体隶属的工程名称。

窗体在设计模式时有标准网格，这些网格用于对齐窗体上的控件。如果希望取消网格或调整网格间距，可选择"工具 | 选项"命令，在"通用"选项卡中进行设置；在运行模式时，网格将消失。

3)　工程资源管理器

工程资源管理器，简称"工程窗口"，用来管理当前程序包含的各类文件，如图 1.5 所示。在工程窗口的标题栏下方从左至右有以下 3 个按钮。

(1)　查看代码■按钮：可以切换到代码窗口，查看和编辑代码。

(2)　查看对象■按钮：可以切换到窗体窗口，查看和编辑对象。

(3)　切换文件夹■按钮：折叠或展开对象文件夹中的项目列表。

图 1.5　工程窗口

小贴士

工程窗口与 Windows 下的资源管理器类似，它以层次管理的方式显示当前应用程序下的各类文件。一个应用程序可以包含以下几类文件。

①　工程文件(.vbp)和工程组文件(.vbg)：每个工程对应一个工程文件。对于一个较复杂的应用程序，可以含有两个以上的工程文件，这些工程文件组成一个工程组。选择"文件|添加工程"命令可以添加一个工程。

②　窗体文件(.frm)：每个窗体对应一个窗体文件。窗体及其控件的属性和代码都存放在窗体文件中。选择"工程|添加窗体"命令可以添加一个窗体。

③　窗体的二进制数据文件(.frx)：若一个窗体中包括图片或图标等二进制信息，则保存窗体文件.frm 的同时，会产生一个与该窗体文件具有相同主文件名的.frx 文件。

④　标准模块文件(.bas)：又称程序模块文件，主要用来声明全局变量和定义一些通用过程。选择"工程|添加模块"命令可以添加一个标准模块。

⑤　类模块文件(.cls)：VB 提供了大量预定义的类，同时也允许用户根据需要定义自己的类。

⑥　资源文件(.res)：是一种可以同时存放文本、图片、声音等多种资源的纯文本文件，可以使用简单的文本编辑器进行编辑。

⑦　ActiveX 控件的文件(.ocx)：可以添加到工具箱，并在窗体中使用。

4)　属性窗口

在 VB 窗体和窗体上的控件称为"对象"。每个对象都可以用一组属性来描述其特征，而属性窗口就是用来设置窗体或窗体中控件的属性的，如图 1.6 所示。属性窗口由以下几部分组成。

(1)　标题栏：显示属性窗口名称、正在设置属性的对象名称及关闭按钮。

图 1.6　属性窗口

(2)　对象列表框：在下拉列表中列出了当前窗体和当前窗体中各控件的名称及类型，可查看并选择某一对象。

(3)　属性排列方式：提供了"按字母序"和"按分类序"两种属性名称的显示方式。

(4)　属性列表框：显示选中对象的属性，左边为属性名，右边为属性值。

(5) 属性含义说明框：显示选中属性的功能说明。

5) 工具箱

工具箱由工具图标组成，如图 1.7 所示。这些图标是 VB 应用程序的构件，称为对象或控件。工具箱中的工具分为内部控件和 ActiveX 控件。

指针 ← 图片框（PictureBox）← 通用选项卡
通用选项卡

标签（Label） ← 文本框（TextBox）
框架（Frame） ← 命令按钮（CommandButton）
复选框（CheckBox） ← 单选按钮（OptionButton）
组合框（ComboBox） ← 列表框（ListBox）
水平滚动条（HScrollBar） ← 垂直滚动条（VScrollBar）
计时器（Timer） ← 驱动器列表框（DriveListBox）
目录列表框（DirListBox） ← 文件列表框（FileListBox）
形状（Shape） ← 直线（Line）
图像框（Image） ← 数据控件（Data）
对象链接与嵌入（OLE）

图 1.7　工具箱

小贴士

启动 VB 后，工具箱中只有内部控件。需要 ActiveX 控件时，可选择"工程 | 部件"命令将其添加到工具箱。

6) 窗体布局窗口

窗体布局窗口用于指定程序运行时窗体的初始位置。用户只要用鼠标拖动如图 1.8 所示窗体布局窗口中的 Form 窗体，即可改变该窗体运行时的初始位置。

图 1.8　窗体布局窗口

除上述几种窗口外，VB 集成开发环境中还有一些其他窗口，包括代码编辑器窗口、立即窗口、本地窗口和监视窗口等。

1.1.3　第一个 VB 程序

如何用 VB 编写程序呢？下面通过一个简单的 VB 程序实例来介绍 VB 应用程序的开

发过程。

【例 1.1】第一个简单的 VB 程序。

项目说明：用户界面由 VB 的多个对象组成，运行程序时出现的窗口是窗体，窗体上有 3 个命令按钮、2 个标签和 1 个文本框。其程序运行界面如图 1.9 所示。程序运行后，在"输入字号"文本框中输入字号，单击"改变字号"按钮，则可改变标签中文字大小；单击"向右走"按钮，则标签会向右移动；单击"结束"按钮，则结束程序运行。

图 1.9　程序运行界面

在此实例中，窗体作为控件的容器是程序运行的窗口，窗体和其中的控件被统称为对象。在窗体上包含了标签、文本框和命令按钮，它们是构成 VB 应用程序最基本的 3 个控件。

小贴士

设计 VB 应用程序一般需要以下几个步骤：
① 创建用户界面。
② 设置对象属性。
③ 编写事件代码。
④ 保存、运行程序。

下面按照以上的应用程序设计步骤来建立第一个 VB 程序，从中了解面向对象编程的基本思想，体会面向对象程序开发的一般步骤。

1．创建用户界面

用户界面是应用程序与用户之间进行交互的接口，也就是一个应用程序的运行窗口。创建用户界面就是要创建程序窗体并在窗体上添加控件。

1）　新建工程和窗体

启动 VB 6.0，在"新建工程"窗口中选择新建一个标准 EXE 工程。此时系统会自动创建"工程 1"和一个默认的窗体 Form1，下面的操作都是在 Form1 上完成的。

2）　添加控件

单击工具箱中的 CommandButton 图标，然后在窗体上按住鼠标左键向右下角拖曳，得到如图 1.10 所示的命令按钮。命令按钮上显示的内容默认为 Command1，命令按钮的名称默认也是 Command1。命令按钮的大小及位置可以通过鼠标拖曳进行修改。

小贴士

在窗体上添加控件的方法有两种：

① 双击工具箱中的控件图标，在窗体上即出现一个默认大小的对象，用户可在窗体中拖曳鼠标对其进行缩放及移动操作。

② 单击工具箱中相应的控件图标，将鼠标指针移到窗体上，按下鼠标左键向右下方拖动至所需大小后松开鼠标，此时在窗体上生成一个指定大小的对象。

按上述方法，继续添加 2 个命令按钮，名称分别是 Command2 和 Command3；再添加 2 个标签，名称为 Label1 和 Label2；添加 1 个文本框，名称为 Text1。拖曳鼠标调整好控件的大小和位置，创建后的用户界面如图 1.11 所示。

图 1.10 添加 CommandButton 控件

图 1.11 添加控件后的用户界面

3) 调整对齐控件

窗体中的多个控件需要进行对齐和调整，如对齐和间距调整、统一大小、前后顺序的调整等。调整对齐控件的操作方法是：先选定多个控件，使用"格式"菜单中的相应命令；或者通过"视图"菜单中的"工具栏"，选择"窗体编辑器"，使用工具进行调整。

同时选中图 1.12 中的 3 个命令按钮并分别选择"格式"菜单，执行"对齐 | 中间对齐""水平间距 | 相同间距"命令后，用户界面如图 1.12 所示。

图 1.12 调整对齐后的用户界面

同时选定多个控件的方法有两种:

① 单击选中第一个控件,然后按住 Shift 键或 Ctrl 键,分别单击其他控件。

② 与 Windows 下选定多个连续文件或文件夹相似,在窗体空白处按住鼠标左键拖动鼠标,将对象包围在一虚框中即可。

一旦成组选择控件,被选择的控件就可以像单个控件一样进行移动、复制、删除、设置相同属性等。

2. 设置对象属性

窗体及控件创建好以后,并没有显示出我们要求的程序界面,如命令按钮上的文字、标签显示的内容等,都需要通过修改属性才能实现。设置控件对象属性要先选中一个或多个控件,然后修改相应属性值。

VB 中设置或改变对象的属性有两种方法:

① 在界面设计阶段,可通过属性窗口的属性框直接设置对象的属性。

② 在编码阶段,可通过语句来实现属性的改变,语句格式为:

对象.属性名=属性值

1)　设置标签属性

单击标签 Label1 将其选中,在属性窗口中找到 Caption 属性,将属性值改为"欢迎来到 VB 世界!"。再找到 AutoSize 属性,属性值修改为 True,如图 1.13 所示,这时标签的显示内容就发生了变化,而且标签可随显示内容自动调整大小。

在属性窗口中找到 Font 属性,单击右侧 ![按钮,弹出"字体"对话框,如图 1.14 所示。将字体设置为 "宋体",字形设置为"粗体",大小设置为 9,然后单击"确定"按钮。

图 1.13　为标签设置属性

图 1.14　"字体"对话框

2) 设置文本框属性

单击选中文本框 Text1，在属性窗口找到 Text 属性，将当前值 Text1 清空。

3) 设置命令按钮属性

单击命令按钮 Command1，将 Caption 属性值 Command1 修改为"改变字号"。用同样的方法，将命令按钮 Command2 和 Command3 的 Caption 属性设置为"向右走"和"结束"。

3. 编写事件代码

1) 代码窗口

每个窗体都有自己的代码窗口，如图 1.15 所示。代码窗口中各部分组成如下。

(1) 对象列表框：单击对象列表框下拉按钮，可显示窗体中已经添加的所有对象名。

(2) 过程列表框：在对象列表框选择某一对象名，在过程列表框中选择事件过程名。

(3) 代码编辑区：用户在此输入和编辑代码。

(4) "过程查看"按钮：单击该按钮，代码窗口只能显示出所选定过程代码。

(5) "全模块查看"按钮：单击该按钮，代码窗口中显示模块中全部过程代码。

图 1.15　代码窗口

小贴士

打开代码窗口有以下 3 种方法。

① 在"视图"菜单中选择"代码窗口"命令。

② 从工程资源管理窗口中选择一个窗体或标准模块，并单击"查看代码"按钮。

③ 双击要查看或编辑代码的窗体或控件本身。

2) 编写过程代码

单击命令按钮时执行某些操作，则需要编写相应的代码，称为"单击事件代码"。

双击例 1.1 窗体上的"改变字号"命令按钮，打开代码(Code)窗口，如图 1.16 所示。代码窗口中的两行程序语句是由 VB 系统自动给出的，在这两行程序语句之间输入以下程序语句：

```
Label1.FontSize = Text1.Text
```

按上述方法，分别双击 Command2 和 Command3 命令按钮，编写它们的单击事件过程，代码内容如图 1.17 所示。每输入一行代码并按 Enter 键后，VB 会自动检查该行的语法错误。如果语句正确，则自动以不同颜色显示代码的不同部分，并在运算符前后加上空格。

编辑代码时，VB 接受 Windows 编辑技术，可以进行复制、剪切、粘贴操作，快速完成代码编辑。

图 1.16 输入代码前的代码窗口

图 1.17 输入代码后的代码窗口

4. 保存、运行程序

至此，我们已经创建了第一个 VB 程序，为了验证该程序的功能，需要运行程序，但在运行程序之前先要对工程及文件进行保存。

执行保存命令，VB 会依次保存这几种类型的文件。在例 1.1 中，只有窗体文件(.frm)和工程文件(.vbp)。保存程序时，系统先提示保存窗体文件，再保存工程文件。

VB 应用程序包含4种不同类型的文件：
① 窗体文件，扩展名为.frm。
② 工程文件，扩展名为.vbp。
③ 类模块文件，扩展名为.cls。
④ 公用的标准模块文件，扩展名为.bas。

1) 保存程序

单击工具栏中的"保存工程"按钮，或选择菜单"文件|保存工程"命令，将依次弹出两个保存对话框，"文件另存为"对话框用来保存窗体文件，如图 1.18 所示；"工程另存为"对话框用来保存工程文件，如图 1.19 所示。

选择保存路径，并设置"文件名"。文件的保存类型通常使用默认保存类型，不可随意修改，如"窗体文件(*.frm)""工程文件(*.vbp)"等。

图 1.18　"文件另存为"对话框　　　　　图 1.19　"工程另存为"对话框

如果要为程序保存副本，需要选择"文件"菜单下的"工程另存为"和"XXX.frm 另存为"命令，分别对工程和窗体文件进行另存为操作，如图 1.20 所示。

2)　运行程序

单击工具栏上的"启动"按钮▶，或者直接按 F5 键，都可以运行程序。程序运行出现错误时，要进行程序的调试，直到程序运行结果与预期结果相同为止。

程序中的错误一般分为以下 3 类：编译错误、实时错误、逻辑错误。VB 程序的常见错误及调试方法，请扫描本章二维码(位置：章最后一页处)查看相应的教学资源。

图 1.20　"文件"菜单

3)　装入程序

退出 VB 系统之后，如果想要再次运行程序，除了需要启动 VB 系统，还需进行程序的装入。不管一个工程包含多少窗体文件和其他模块文件，只需装入工程文件即可。

4)　生成可执行文件

经过运行调试后的程序，要使其脱离 VB 环境在 Windows 下直接运行，就必须经过编译建立可执行文件。

选择"文件｜生成工程 1.exe"命令，选择保存路径。"文件名"文本框中显示的是生成的可执行文件名称，默认的可执行文件与工程文件同名，其扩展名为.exe。

小贴士

例 1.1 中，将生成可执行文件"第一个 VB 程序.EXE"。在 Windows 环境下运行时，只需在"计算机"中找到该文件，双击文件名即可。

1.2　对象的属性事件和方法

对象是 VB 编程的核心，窗体和控件都是对象。在例 1.1 中，我们在窗体上添加了 3 个命令按钮，这些命令按钮已经具备了基本的外观特征和功能。"命令按钮"就是特定功能和代码的封装，也就是程序的组件，就如同一个特定形状的积木块。

1.2.1　对象与类

对象是具有特殊性质(属性)和行为方式(方法)的实体，在现实生活中到处可以见到，如一辆汽车可看作一个对象，汽车的型号、价格、外观等特性称为"属性"，汽车的启动、加速、减速等是汽车行为，称为"方法"。对象的概念是相对的，根据观察者的角度可将对象分解和综合，如汽车可分解为车头、车尾，也可分解为发动机、车轮等对象，分解后的对象又都分别具有不同的属性和行为。

类是具有共同抽象的对象的集合，在面向对象的程序设计中，类是创建对象实例的模板，它包含所创建对象的共同属性描述和共同行为特征的定义，即对象是类的实例。例如，各种各样的汽车可以看作一个汽车类，具体到某一辆特定的汽车则称为汽车类的一个实例，即一个对象。

VB 中的类可分为两种：一种是由系统设计好，可以直接使用的类；另一种是由用户定义的类，本书中重点介绍第一种。在 1.1 节所介绍的工具箱中的标准控件均为 VB 系统设计好的标准控件类，开发者在窗体上"画"一个控件的过程即为该控件类的实例化，将控件类转换成了一个控件对象，以后简称为控件。除了用户大量使用的窗体和控件对象外，VB 还提供了一些系统对象，如打印机(Printer)、剪贴板(Clipboard)、屏幕(Screen)等，在后面的章节中将涉及系统对象的使用。

在面向对象程序设计中，"对象"是系统中基本的运行实体。建立一个对象后，其操作是通过与该对象有关的属性、事件和方法来描述的。属性、事件和方法也称为对象的三要素。

1.2.2　对象的属性

1．对象常见的属性

属性是对象的特征，不同的对象有不同的属性。对象常见的属性有名称(Name)、标题(Caption)、颜色(Color)、字体(Font)等。

2．属性设置的两种方法

1)　在属性窗口中设置

属性窗口中可以按字母顺序或按分类顺序排列当前对象的所有属性。设置属性时，先在左侧栏中找到相应的属性名称，然后修改右侧的属性值。

> **小贴士**
>
> 属性窗口一般在 VB 环境的右侧，如果属性窗口没有打开，可以通过下面 3 种方式打开。
> ① 单击"工具栏"上的"属性"按钮。
> ② 选择"视图 | 属性窗口"命令。
> ③ 按 F4 键。

2)　在程序中用语句设置

格式：对象名.属性名=属性值

例如：

```
Label1.Caption= "欢迎来到VB世界！"
```

可以将标签 Label1 的标题属性值设置为"欢迎来到 VB 世界！"。

这两种方法都可以实现属性的修改，区别在于：大多数属性在属性窗口中修改以后，窗体中可以立刻看到控件状态的变化。而如果使用语句修改属性的方式，则需要运行程序时属性设置才能生效。

> **小贴士**
>
> 在一个程序中应该使用哪种方法设置属性需要根据实际情况考虑。但是需要注意的是，有些属性仅允许在属性窗口中设置，如 Name 属性；而有些属性只能在程序代码中利用语句进行设置，如文本框的 SelStart、SelLength 和 SelText 属性等。

1.2.3　对象的事件

传统高级语言使用的是面向过程、按顺序执行的编程机制，这种编程机制的缺点是程序员必须要关心什么时候发生什么事情。VB 采用的是事件驱动的编程机制，在这种机制下，程序员只要编写若干个响应用户动作的事件代码，如鼠标单击、选择命令等，这些代码的执行则由用户启动的事件来触发。

1．事件

"事件"是指由系统预先设计好的，能被某一对象识别的动作，如单击(Click)、双击(DblClick)、键盘按下(KeyPress)、载入窗体(Load)、移动鼠标(MouseMove)等都是事件。不同的对象所能识别的事件不同，如窗体能识别单击和双击事件，而命令按钮只能识别单击事件。当事件由用户触发(如窗体的 Click 事件)或由系统触发(如窗体的 Load 事件)时，对象就会执行该事件的代码，即对事件作出响应。

例如，在例 1.1 中程序运行时，用户单击"向右走"命令按钮时，触发了 Command2 的单击(Click)事件，相应的事件代码被执行，从而实现了窗体上的标签向右移动。

2．事件过程

响应某个事件后，所执行的程序代码叫作事件过程。

格式：

```
Private Sub 对象名_事件名 ([参数列表])
    ⋯
    事件响应程序代码
    ⋯
End Sub
```

这里的"对象名"指的是该对象的名称属性，"事件名"是由 VB 预定义的该对象的事件。

例如，在例 1.1 中，程序运行时，用户单击"改变字号"命令按钮时，发生了 Command1 的单击(Click)事件，系统就会执行下面这个事件过程。

```
Private Sub Command1_Click()
    Label1.FontSize = Text1.Text
End Sub
```

当用户单击"向右走""结束"按钮时，分别触发了 Command2、Command3 的 Click 事件，系统会分别执行相应的事件过程。

```
Private Sub Command2_Click()
    Label1.Left = Label1.Left + 100
End Sub
Private Sub Command3_Click()
    End
End Sub
```

1.2.4　对象的方法

在面向对象程序设计中，引入了称为"方法"(Method)的特殊过程和函数。方法的操作与过程和函数的操作相同，但"方法"是特定对象的一部分，正如"属性"和"事件"一样。

格式：对象名.方法名[参数列表]

例如，在 VB 中，提供了一个名为 Print 的方法，当把它用于不同的对象时，可以在不同的对象上输出信息，下面的语句可以实现在对象名为 Form1 的窗体上显示字符串"Visual Basic 程序语言设计"。

```
Form1.Print "Visual Basic 程序语言设计"
```

如果语句改为：

```
Printer.Print "Visual Basic 程序语言设计"
```

执行时，将在对象名为 Printer 的打印机上打印字符串"Visual Basic 程序语言设计"。

在调用方法时，可以省略对象名。在这种情况下，VB 所调用的方法作为当前对象的方法，一般把当前窗体(Me)作为当前对象。下面的 3 条语句，执行时都将在当前窗体上显示字符串"Visual Basic 程序语言设计"。

```
Print "Visual Basic 程序语言设计"
Me.Print "Visual Basic 程序语言设计"
Form1.Print "Visual Basic 程序语言设计"
```

VB 提供了大量的方法，了解对象的方法是学习 VB 程序设计的一个重要方面，在以后的章节中我们将分别介绍各种对象及其方法。

1.2.5 常用属性

VB 中的对象都有自己的属性，其中有一部分属性是大多数控件所共同具有的，如名称属性(Name)、是否可见属性(Visible)等。下面介绍一些控件的常用属性。

1. Name(名称)属性

该属性是所有对象都具有的属性，它是所创建对象的名称，为字符串型。所有的对象在创建时都会由 VB 自动提供一个默认名称，如 Form1、Form2、Label1、Text2 等。Name 属性在属性窗口的第一行，即"名称"框中进行修改。Name 属性的值将作为对象的标识在程序中被引用，但不会显示出来。

小贴士

需要注意的是，Name 属性只能在属性窗口里设置，在程序运行时是只读的，不可以用赋值语句更改。例如，Form1.Name = "NewName" 是错误代码。

2. Caption(标题)属性

该属性的值为字符串型，表示所属对象的标题，将显示在对象上。窗体的标题将显示在窗体的标题栏中。

在默认情况下，对象的 Caption 属性值与 Name 属性值相同，但 Caption 属性值可以在程序中用赋值语句重新设置。例如：

```
Form1.Caption = "我的窗体"
```

3．Height(高度)和 Width(宽度)属性

Height 和 Width 属性用来设置和返回控件对象的高度和宽度，属性值均为数值型，它们决定了控件对象的大小。VB 窗体默认坐标系统如图 1.21 所示。窗体的上边框为坐标横轴，左边框为坐标纵轴，窗体左上角顶点为坐标原点(0,0)，单位为 twip。

图 1.21　控件位置属性

1twip=1/20 点=1/1440 英寸=1/567 厘米

4．Top(顶边距)和 Left(左边距)属性

Top 和 Left 属性决定了控件对象在其父对象中的位置，属性值为数值型。例如，当一个命令按钮控件放置到窗体上时，Top 表示控件到窗体顶端的距离，Left 表示控件到窗体左端的距离，如图 1.21 所示。对于窗体，Top 表示窗体到屏幕顶端的距离，Left 表示窗体到屏幕左端的距离，此时屏幕是窗体的父对象。

5．Enabled(可用)属性

该属性用来设置控件是否有效。属性值为逻辑型，默认值为 True。

True：允许用户操作，并对操作作出响应。

False：禁止用户操作，呈暗淡色。

例如：

```
Text1. Enabled= False            '使文本框 Text1 不可用
```

6．Visible(可见)属性

该属性用来设置控件是否可见。属性值为逻辑型，默认值为 True。

True：程序运行时控件可见。

False：程序运行时控件隐藏。

7．Font(字体)属性

该属性用来设置文本的外观，可以在程序中设置，也可以在属性窗口中设置，其对话框如图 1.22 所示，默认情况下为宋体、常规、小五号字。

FontName：设置字体类型，属性值为字符串型，如"宋体""隶书"。

FontSize：设置字的大小，属性值为整型，如28、32。

图 1.22　"字体"对话框

FontBold：设置字形是否为粗体，属性值为逻辑型。

FontItalic：设置字形是否为斜体，属性值为逻辑型。

FontStrikethru：设置文本是否加删除线，属性值为逻辑型。

FontUnderline：设置文本是否加下画线，属性值为逻辑型。

8．BackColor(背景色)属性

该属性用来设置对象的背景色(即正文以外的显示区域的颜色)，其值为十六进制常数。在属性窗口列表中选择 BackColor，单击右边的▼按钮，将弹出一个列表，用户可以通过选择"调色板"或"标签"内的颜色完成属性设置，也可以直接输入颜色值，或使用 VB 颜色常量。例如：

```
Form1.BackColor=&HFF00AA          '将窗体背景色设置为紫色
Form1.BackColor=VBWhite           '将窗体背景色设置为白色
```

9．ForeColor(前景色)属性

该属性用来设置对象的前景色(即正文颜色)，其值是一个十六进制常数，用户可以在"调色板"中直接选择所需颜色，设置方法与 BackColor 属性的设置方法相同。

10．BackStyle(背景样式)属性

该属性用来设置对象的背景样式。属性值为数值型。

0—Transparent：透明，即不显示控件背景色。

1—Opaque：不透明，此时可为控件设置背景颜色。

11．BorderStyle(边框样式)属性

该属性用来返回和设置控件边框样式。属性值为数值型。

0—None：控件周围没有边框。

1—Fixed Single：控件带有单边框。

12．Alignment(对齐样式)属性

该属性用来设置正文在控件上的对齐方式。属性值为数值型。

0—Left Justify：正文左对齐。

1—Right Justify：正文右对齐。

2—Center：正文居中对齐。

13．AutoSize(自动调整)属性

该属性用来设置控件是否可以根据正文自动调整大小。属性值为逻辑型。

True：可以自动调整大小。

False：保持原设置时的大小，正文若太长将只能显示一部分。

14．TabIndex 属性

TabIndex 属性值决定了对象的 Tab 顺序，即按 Tab 键时焦点在各个控件间轮换的顺序。该属性值为数值型。

焦点是指对象接收用户鼠标或键盘输入的能力，当对象具有焦点时，可接收用户的输

入，否则将不能接收用户的输入。当向窗体上添加多个控件时，系统会自动为它们分配一个 Tab 顺序。在默认情况下，其 Tab 顺序与控件建立的顺序相同，即第 1 个建立的控件的 TabIndex 属性值为 0，第 2 个为 1，以此类推。若要改变控件的 Tab 顺序，可以通过设置 TabIndex 属性来实现，TabIndex 属性值可在属性窗口中或在应用程序中进行设置。

需要注意的是，在程序运行时，不可见或无效的控件不能得到焦点，另外，Frame 和 Label 等不需要输入操作的控件也得不到焦点。

15．控件默认属性

每个控件对象有且只有一个属性可以直接由控件名来代表。例如，对文本框的 Text 属性赋值，可以用 Text1 代表 Text1.Text。例如：

```
Text1.Text="Visual Basic"
```

可以简写为：

```
Text1="Visual Basic"
```

VB 中把这个特殊的属性叫作控件的默认属性。一般控件的默认属性是该控件最重要的属性。常用控件的默认属性如表 1.2 所示。

表 1.2 常用控件的默认属性

控 件	默认属性	控 件	默认属性
文本框	Text	标签	Caption
命令按钮	Value	图片框、图像框	Picture
单选按钮	Value	复选框	Value
滚动条	Value	列表框、组合框	Text

1.3 控件的容器——窗体

执行 VB 应用程序时，桌面上的窗口就是窗体，窗体(Form)是所有控件的容器。新建工程时 VB 系统会自动创建一个窗体，默认名称为 Form1，在保存工程时，窗体也要作为文件保存在磁盘上，其扩展名为.frm。

1.3.1 窗体的常用属性

窗体的属性决定了窗体的外观，先单击选定窗体后，可以在属性窗口中进行窗体属性的设置。

1．基本属性

窗体的基本属性有 Name、Caption、Font、BackColor、ForeColor、Height、Width、Left 和 Top 等。

需要注意的是，窗体的前景色是指在窗体上输出(由 Print 方法输出)的文本及绘制的图形的颜色，对于其中的标签、命令按钮等控件没有影响。

2．Appearance 属性

该属性用于设置窗体的显示效果，属性值为数值型。

0：窗体显示为平面效果。

1(默认值)：窗体显示为立体效果。

3．AutoRedraw 属性

该属性用于设置窗体失去焦点并又重新获得焦点时，自动重绘功能是否有效，即窗体上的内容是否会因为遮盖而消失。属性值为逻辑值。

True：自动重绘窗体上的所有内容。

False(默认值)：不会自动重绘窗体上的内容。

4．ControlBox 属性

该属性用于设置窗体是否具有控制菜单，属性值为逻辑值。

True(默认值)：窗体具有控制菜单。

False：窗体不具有控制菜单。

5．Enabled 属性

该属性用于设置窗体是否能够对键盘或鼠标产生的事件作出响应，默认值为 True，表示能够对事件作出响应。

6．BorderStyle 属性

该属性用于返回和设置窗体的边框样式。窗体的 BorderStyle 属性值如表 1.3 所示。

表 1.3　BorderStyle 属性值

样　式	说　明
0—None	无边框。无标题栏，不能改变窗体大小，运行时任务栏上无对应按钮
1—Fixed Single	固定单边框。无最大、最小化按钮，不能改变窗体大小
2—Sizable	可调整的边框(默认值)。有最大、最小化按钮，可以改变窗体大小
3—Fixed Dialog	固定对话框。有标题栏，但无最大、最小化按钮，不能改变窗体大小，运行时任务栏无该窗体按钮
4—Fixed ToolWindow	固定工具窗口。窗体大小不能改变，只显示关闭按钮，标题栏字体缩小
5—Sizable ToolWindow	工具窗口可变大小。窗体大小可以改变，只显示关闭按钮，标题栏字体缩小

7．MaxButton 和 MinButton 属性

决定窗体是否有最大化、最小化按钮。属性值为逻辑值。

True(默认值)：表示窗体的"最大化""最小化"按钮有效。

False：表示相应的按钮无效。

这两个属性只能在属性窗口中进行设置。

8．Moveable 属性

该属性用于设置窗体的位置是否可以被改变。默认值为 True，表示窗体可以被移动。

9．Picture 属性

该属性用于设置对象的背景图片，设置的方法有两种。

(1) 在窗体属性列表中选择 Picture 属性，单击其右边的按钮，会弹出如图 1.23 所示的"加载图片"对话框。选择一个图片文件后单击"打开"按钮，可将选择的图片作为窗体背景图片；可以加载的图片类型有位图(.bmp)文件、JPEG(.jpg)文件、GIF(.gif)文件等。

图 1.23 "加载图片"对话框

(2) 在程序代码中设置该属性值，必须使用 LoadPicture 函数。例如：

```
Form1.Picture = LoadPicture("c:\picture\lake.bmp")
```

通过该语句可以在运行时将 c:\picture\lake.bmp 图片文件设置为窗体 Form1 的背景图片。如果图片文件 lake.bmp 与 Form1 所在的工程文件在同一路径下，那么在程序中可以使用下面的方法加载图片：

```
Form1.Picture = LoadPicture ("lake.bmp")
```

或：

```
Form1.Picture = LoadPicture (App.Path+"\lake.bmp")
```

其中，函数 LoadPicture 的参数是字符串表达式，当参数为空时，表示清除图片。例如，下面的语句表示清除 Form1 中的图片：

```
Form1.Picture = LoadPicture()
```

另外，LoadPicture 函数除了可以把图片加载到窗体上之外，还可以把图片加载到图片框(PictureBox)和图像框(Image)控件上。

10．Visible 属性

该属性用于设置窗体是否可见。默认值为 True，表示窗体可见。

11．WindowsState 属性

该属性用来指定窗体启动后的初始大小，属性值为数值型，默认值为 0。

0—窗体以正常方式显示。

1—窗体最小化成图标。

2—窗体以全屏方式显示。

1.3.2　窗体的常用方法

窗体常用的方法有 Print、Cls、Move 和 Refresh 等。

1．Print 方法

格式：[对象名.]Print 表达式

功能：用来在对象上输出表达式的值。

说明：

(1)　当省略对象名时，默认在当前窗体上输出。

(2)　表达式在窗体上输出的位置由窗体的 CurrentX 和 CurrentY 属性决定，在默认情况下，从(0,0)开始。执行完一次 Print 方法之后，CurrentY 自动加 1，即换到下一行。

(3)　有关 Print 方法，将在第 2 章做更详细的介绍。

2．Cls 方法

格式：[对象名.]Cls

功能：清除对象上由 Print 方法显示的文本，或由 Pset、Line、Circle 等画图方法所画出的图形，且将光标移动到窗体左上角。

说明：

(1)　当省略对象名而只写 Cls 时，默认清除当前窗体上的内容。

(2)　该方法经常写为以下形式：

```
Cls 或 Me.Cls              '清除当前窗体
Picture1.Cls              '清除图片框 Picture1
```

(3)　有关 Cls 方法，将在第 2 章做更详细的介绍。

3．Move 方法

格式：[对象名.]Move<左边距>[,<上边距>[,<宽度>[,<高度>]]]

功能：移动窗体，且可同时改变其大小。

说明：

(1)　左边距、上边距、宽度、高度均以 twip 为单位。

(2) 此方法也适用于其他可见控件，如命令按钮、标签、文本框等。宽度与高度表示对象的大小，左边距和右边距则表示与父对象的相对位置。如果对象是窗体，位置是相对屏幕而言的；若是放置在窗体内的控件，位置是以窗体作参考坐标的。

(3) 左边距参数是必选的。若要指定任何其他参数，必须先指定该参数之前的参数。

(4) 使用 Move 方法与修改对象的 Left、Top、Weight、Height 等属性值具有相同的效果。

4．Refresh 方法

格式：[对象名.] Refresh

功能：强制完全重绘窗体及窗体上的控件。

说明：窗体的绘制一般是自动进行的，并不需要使用 Refresh 方法。

1.3.3　窗体的常用事件

窗体常用的事件有 Click(单击)、DblClick(双击)、Load(装载)、Unload(卸载)、Activate(激活)等事件。

1．Click 事件

当用户单击窗体的空白区域或单击窗体上的一个无效控件时，Click 事件被触发。需要说明的是，Click 事件总是在 DblClick 事件之前先被触发。要区分操作中按下的是鼠标左键还是右键，应使用 MouseUp 或 MouseDown 事件。

2．DblClick 事件

双击窗体空白区域或双击窗体上的一个无效控件时，DblClick 事件被触发。必须保证在系统双击时限内连续两次按下鼠标左键，才能触发 DblClick 事件；如果超过时限，将被看作单击而触发 Click 事件。在 Windows 的控制面板中设置鼠标的双击速度可以改变双击时间限制。

3．Activate 事件和 Deactivate 事件

当窗体获得焦点变成活动窗体时，就会触发 Activate 事件。当窗体不再是活动窗体时，就会触发 Deactivate 事件。

4．Initialize 事件

当应用程序创建一个窗体时，将触发 Initialize 事件。通过 Initialize 事件，可以初始化窗体需要使用的数据。窗体的 Initialize 事件发生在 Load 事件之前。

5．Load 事件

把窗体装入内存工作区时触发 Load 事件。当通过 Load 方法启动应用程序或装载窗体时，也会触发该事件。Load 事件过程通常用于启动程序时对属性、变量进行初始化和装载数据。Load 事件发生后，系统还会自动发生一个 Activate 事件，这时窗体被激活。

如果希望在 Load 事件中实现输出操作，需要先调用 Show 方法，否则将无法输出。例如：

```
Private Sub Form_Load()
  Form1.Show
  Print "Visual Basic"
End Sub
```

6．Unload 事件

在窗体被卸载时触发 Unload 事件。可以通过 Unload 事件过程来完成必要操作，如保存数据等操作。Unload 事件过程执行完毕后，窗体在内存中被卸载。

7．Paint 事件

在应用程序运行时，若出现下列情况就会自动触发 Paint 事件。

(1) 窗体窗口被最小化成图标，然后又恢复正常显示状态。

(2) 原本遮挡着该窗体的窗体被移开并使该窗体全部或部分显露出来。

(3) 该窗体因其他窗体的移动而被全部或部分遮挡。

(4) 窗体的大小改变或移动。

(5) 使用 Refresh 方法。

触发 Paint 事件后，可以进行窗体的重绘。将 AutoRedraw 属性值设置为 True，也可以自动完成窗体的重绘。

【例 1.2】 通过编写窗体的 Load 事件代码设置窗体属性。

项目说明：在窗体的相关事件中编写代码，实现窗体的初始设置，并在窗体上输出文字。当单击窗体时，窗体的位置和大小将改变，单击命令按钮时，窗体更换背景图片。初始窗体运行界面如图 1.24 所示，更换背景后窗体界面如图 1.25 所示。

(1) 创建界面：在窗体上添加一个命令按钮，所有属性设置均在程序代码中实现。

(2) 编写代码。

```
Private Sub Form_Load()
    Form1.Caption = "Visual Basic window"   '设置窗体标题栏
    Form1.Width = 8000                      '设置窗体宽度
    Form1.Height = 2500                     '设置窗体高度
    Form1.Left = 0                          '设置窗体到屏幕的左边距
    Form1.Top = 0                           '设置窗体到屏幕的上边距
    Form1.BackColor = &HFFFFFF              '设置窗体 Form1 的背景色为白色
    Form1.ForeColor = &HFF0000              '设置窗体 Form1 的前景色为蓝色
    Form1.FontName = "roman"
    Form1.FontSize = 20
    Command1.Left = 3000
    Command1.Top = 1200
End Sub
Private Sub Form_Activate()
    Form1.Print "单击窗体改变窗体位置及大小"
    Form1.Print "单击按钮改变窗体背景"
```

```
End Sub
Private Sub Command1_Click()
    '加载当前工程文件夹内的一幅背景图片
    Form1.Picture = LoadPicture("1.jpg")
End Sub
Private Sub Form_Click()
    '移动窗体，同时改变其大小
    Form1.Move 1000, 1000, Form1.Width + 1000, Form1.Height + 1000
    '移动命令按钮
    Command1.Move Command1.Left + 500, Command1.Top + 500
End Sub
```

图 1.24　初始窗体运行界面

图 1.25　更换背景后窗体运行界面

1.4　文本工具——文本框

文本框也称编辑框，既可以输入、编辑文本，也可以显示文本，是最常用的数据输入/输出控件。利用文本框，用户可以创建一个类似"记事本"的文本编辑器。

1.4.1　属性

1. 文本框的常用属性

文本框的常用属性有 Name、Height、Width、Top、Left、Enabled、Visible、FontName、FontSize、FontBold、FontItalic、FontUnderline 和 Alignment 等。

2. Text 属性

该属性可以返回或设置文本框中的文本信息。其取值为字符串型，默认最大长度为 2048 个字符。

3. Maxlength 属性

该属性用来设置文本框中能够输入的正文内容的最大长度。其取值为整数类型，默认设置为 0。

0：任意长字符串，但不能超过 32 KB。

非零整数：文本框中可容纳的字符数。

需要注意的是，在 VB 中字符长度以字为单位，一个西文字符与一个汉字都是一个字，长度为 1。

4. MultiLine 属性

该属性用来返回或设置文本框中是否可以输入多行文本。其取值为逻辑型，默认设置为 False。

True：文本框可以输入或显示多行文本，同时具有文字处理器的自动换行功能，即输入的正文超出文本框时会自动换行。按 Ctrl+Enter 组合键可插入一空行。

False：只能输入单行文本。

5. ScrollBars 属性

该属性用来设置文本框是否带有滚动条，其取值为整数类型，默认设置为 0。

0—None：无滚动条。

1—Horizontal：具有水平滚动条。

2—Vertical：具有垂直滚动条。

3—Both：同时具有水平和垂直滚动条。

需要注意的是，只有当 MultiLine 属性为 True 时，ScrollBars 属性才会有效。当加入了水平滚动条以后，文本框内的自动换行功能会失效，只有按 Enter 键才能回车换行。

6. Locked 属性

该属性用来设置文本框在运行时是否可以被编辑，其取值为逻辑型，默认值为 False。

False：可以编辑。

True：文本框中的文本不可以被编辑，此时文本框的作用相当于标签。

7. PasswordChar 属性

该属性为字符型，用于将 Text 属性值显示为指定字符。在默认状态下，该属性的值为空字符串，当用户在文本框中输入字符时，输入的字符可以在文本框中显示出来。如果把该属性值设为某一字符，则当用户在文本框中输入字符时，文本框中显示的不是输入的字符，而是该属性的设置值。例如，当 PasswordChar 属性设置为 "*" 时，用户在文本框中输入 jsj，在文本框中显示的是 "***"。

需要注意的是，该属性不改变 Text 属性值，只改变文本的显示结果。

8. SelStart、SelLength 和 SelText 属性

用来返回程序运行时用户选中文本的相关信息，这 3 个属性只可以在语句中调用，不出现在属性窗口中。

SelStart：整型，返回选中文本的开始位置，第 1 个字符的位置是 0。

SelLength：整型，返回选中文本的长度。

SelText：字符型，返回选中文本的内容。

设置了 SelStart 和 SelLength 属性后，系统会自动将选定的文本内容保存到 SelText 中。

【例 1.3】　复制文本框中所选内容。

项目说明：设计程序，使得单击窗体时，程序会自动将第 1 个文本框的前 8 个字符选定并显示在第 2 个文本框中。程序运行结果如图 1.26 所示。

项目设计：

(1)　创建界面。在窗体上添加 2 个文本框 Text1、Text2。其中，Text1 的 Text 属性设置为"文本框是一个文本编辑区域，用户可在该区域输入、编辑、修改和显示正文内容，即创建一个简单的文本编辑器"。

(2)　设置属性。属性设置如表 1.4 所示。

图 1.26　文本框应用举例

表 1.4　文本框属性设置

对　象	属　性	属性值	说　明
Text1	MultiLine	True	允许多行显示
	ScrollBars	2—Vertical	只有垂直滚动条
Text2	MultiLine	True	允许多行显示
	ScrollBars	3—Both	同时加水平和垂直滚动条

(3)　编写代码。

```
Private Sub Form_Click()
    Text1.SelStart=0         '将 Text1 中的第 1 个字符设为要选择文本的起点
    Text1.SelLength=8        '将选择文本的长度定为 8 个字符
    Text2.Text=Text1.SelText '将被选择的字符串存入 Text2 中
End Sub
```

1.4.2　事件

文本框控件支持 Change 和 LostFocus 等多个事件。

1. Change 事件

当用户输入内容或当程序修改 Text 属性值时会触发该事件。用户每输入或删除 1 个字符就会触发 1 次 Change 事件。例如，用户输入 Hello 时，会发生 5 次 Change 事件。

2. LostFocus 事件

当用户按下制表键(Tab)或单击其他对象，使当前文本框失去焦点时，则触发该事件。Change 事件和 LostFocus 事件都可以用来检查 Text 属性值，但后者更为有效。

1.4.3　方法

文本框的常用方法为 SetFocus。

格式：[对象名.]SetFocus

功能：该方法可以把焦点移到指定对象中。当在窗体上建立了多个文本框后，可以用该方法把光标置于所需要的文本框上。例如，当单击命令按钮时，将光标置于第一个文本框中，需要添加如下代码。

```
Private Sub Command1_Click()
    Text1.SetFocus                  '让文本框 Text1 获取焦点
End Sub
```

说明：该方法还适用于可以获取焦点的其他对象，如 CheckBox、CommandButton 和 ListBox 等控件。

1.5　命令按钮和标签

在应用程序窗体中，标签、文本框和命令按钮是 3 个必不可少的基本控件。其中，标签仅用于在窗体上显示有关程序的文本，而文本框既可以显示文本，也可以用于接收用户的信息，并在程序中使用这些信息。命令按钮可以用来控制预先编好的事件过程的发生，是应用程序与用户进行交互最常用的控件。

1.5.1　命令按钮

在程序中，命令按钮通常与单击事件过程相对应。在程序运行期间，用户单击命令按钮调用相应的事件过程，完成指定的功能。

在程序运行时，常用以下方法触发命令按钮。

(1)　鼠标单击。

(2)　按 Tab 键将焦点移到相应命令按钮上，再按 Enter 键。

(3)　按 Alt+快捷键。

1．属性

(1)　基本属性。命令按钮基本属性有 Name、Height、Width、Top、Left、Enabled、Visible、FontName、FontSize 和 BackColor 等。

(2)　Caption 属性。该属性为字符型，默认属性值为 Command1～CommandN。

在设置命令按钮的 Caption 属性时，如果在某个字母前添加字符"&"，则设置该字母为快捷键，按 Alt+快捷键时，相当于单击该命令按钮。例如，在关闭 Office 文档时，出现的提示窗口(见图 1.27)中，为"保存"按钮设置快捷键，就是将 Command1 的 Caption 属性设置为"保存(&S)"。

(3)　Default 属性。Default 属性是命令按钮的特有属性，属性值为逻辑型，默认值为 False。

True：Enter 键有效，按 Enter 键相当于单击了该命令按钮。

False：Enter 键无效。

图 1.27　Office 提示窗口中的快捷键

在一个窗体中只能有一个命令按钮的 Default 属性值为 True。当某个命令按钮的 Default 属性值被设置为 True 后，该窗体中的其他所有命令按钮的 Default 属性将被自动设置为 False。

(4) Cancel 属性。Cancel 属性也是命令按钮的特有属性，属性值为逻辑型，默认值为 False。

True：按 Esc 键相当于单击了该命令按钮。在一个窗体中只能有一个命令按钮的 Cancel 属性值为 True，当某个命令按钮的 Cancel 属性值被设置为 True 后，该窗体中的其他所有按钮的 Cancel 属性将被自动设置为 False。

False：Esc 键无效。

(5) Value 属性。该属性用于检查命令按钮是否被按下，只能在程序运行期间设置或引用。属性值为逻辑型，默认值为 False。

True：命令按钮被按下。在程序运行过程中，如果将 Value 值设置为 True，可以直接触发命令按钮的 Click 事件。

False：命令按钮未被按下。

(6) Style 属性。该属性用于设置命令按钮的样式。

0—Standard：命令按钮上不能显示图形。

1—Graphical：命令按钮上可以显示图形，也可以显示文字。

若要改变命令按钮颜色或者在命令按钮上显示图形，首先必须将 Style 属性设置为 1，然后在 Picture 属性中设置需要显示的图形文件。若在 Picture 属性中选择了图形文件，如果 Style 属性值为 0，则图形仍不能显示。

(7) Picture 属性。该属性用来设置命令按钮上显示的图形，前提是 Style 属性值为 1。显示的图形文件可以是.bmp 和.ico 文件。

(8) ToolTipText 属性。该属性用来设置当鼠标指针在命令按钮上停留 1 秒时，在其提示框中显示的提示信息，其取值为字符型。例如：

```
Command1.ToolTipText = "确认后，单击此按钮"
```

2. 事件

命令按钮的主要事件有 Click 事件，命令按钮不支持 DblClick 事件。

【**例 1.4**】　编写 QQ 登录程序，设定密码为 hello。

项目说明：设计一个如图 1.28 所示的 QQ 登录界面，用户在文本框中输入密码，单击"确定"按钮，程序将核对用户输入的密码是否正确。如果正确，则显示"密码正确，努力加载中……"；若不正确，则显示"密码错，请重新输入！"。

项目设计：

(1)创建界面。在窗体 Form1 中添加 2 个命令按钮 Command1 和 Command2，2 个文本框 Text1 和 Text2，1 个标签 Label1。并在 Form1 中加载背景图片。

(2)设置属性。属性设置如表 1.5 所示(名称属性取默认值)。

图 1.28　QQ 登录界面

表 1.5　属性设置

对　象	属　性	属性值
Form1	Caption	登录
Text1	Text	空
	PasswordChar	*
Text2	Text	空
Command1	Caption	登录
Command2	Caption	清空
Label1	Visible	False

(3)　编写代码。

```
Private Sub Form_Load()
    Form1.Picture = LoadPicture("QQ.jpg")
End Sub
Private Sub Command1_Click()
    pass$ = Text2.Text
    Label1.Visible = True
    If pass$ = "hello" Then
        Label1.Caption = "密码正确，努力加载中......"
    Else
        Label1.Caption = "密码错，请重新输入！"
    End If
End Sub
Private Sub Command2_Click()
    Text1.Text = ""
    Text2.Text = ""
    Label1.Visible = False
    Text1.SetFocus
End Sub
```

1.5.2　标签

标签主要用来显示文本信息，它所显示的内容只能通过对 Caption 属性的设置或修改来实现，不能在程序运行时直接编辑。

1．属性

(1) 标签的常用属性。标签的常用属性有 Name、Caption、Height、Width、Top、Left、Enabled、Visible、FontName、FontSize、FontBold、FontItalic、FontUnderline、Alignment、AutoSize 和 BorderStyle 等。

【例 1.5】 设计程序，使其在窗体上显示 5 个外观不同的标签控件。

项目设计：在 Form1 窗体上添加 5 个标签，其名称为默认值 Label1～Label5，并在属性窗口中分别设置其属性。各属性设置如表 1.6 所示，程序运行结果如图 1.29 所示。

表 1.6　属性设置

对　象	属　性	属 性 值	对　象	属　性	属 性 值
Label1	Caption	左对齐	Label4	Caption	背景白色
	Alignment	0		BackColor	&H00FFFFFF&
	BorderStyle	1		BorderStyle	0
Label2	Caption	居中	Label5	Caption	前景红色
	Alignment	2		ForeColor	&H000000FF&
	BorderStyle	1		BorderStyle	0
Label3	Caption	自动			
	BorderStyle	1			
	AutoSize	True			

(2) WordWrap 属性。WordWrap 属性控制 Caption 属性的内容能否自动换行，该属性只对汉字有效。属性值为逻辑型，默认值为 False。

True：标签会改变高度与标题文本相适应，宽度则与原来标签宽度相同。

False：标签的宽度扩展到标题中最长的一行，在高度方向显示标题的所有行。但是注意只有将 AutoSize 属性设置为 True 时，对 WordWrap 属性的设置才起作用。

图 1.29　对齐、边框、颜色属性示例

2．事件

标签的常用事件有单击(Click)和双击(DblClick)。

本章小结

Visual Basic 意为可视化的 BASIC，它提供了可视化的编程工具，采用了面向对象的程序设计思想和事件驱动的编程机制。本章介绍了 VB 的集成环境、主窗口的布局、常用工具栏、常用的文件类型、常用工具。详细介绍了 VB 集成环境中的窗体窗口、工程资源管理器窗口、属性窗口、窗体布局窗口及工具箱。介绍了 VB 对象的公共属性，并通过实例引入了面向对象程序设计思想，介绍了对象的 3 个基本要素：属性、事件和方法。讲解了标签、文本框和命令按钮 3 个控件的使用。详细介绍了窗体的属性、事件和方法。

通过本章的学习，可以初步掌握 VB 应用程序开发的步骤，学会使用一些常用控件，为后面章节学习打下基础。

习 题

一、选择题

1. 在 VB 集成环境中要结束一个正在运行的工程，可单击工具栏上的_____按钮。

   A. ![图标]   B. ![图标]   C. ▶   D. ■

2. 在 VB 集成环境中，要添加一个窗体，可以单击工具栏上的_____按钮。

   A. ![图标]   B. ![图标]   C. ![图标]   D. ![图标]

3. 在 VB 集成环境的设计模式下，双击窗体上的某个控件打开的窗口是_____。

   A. 工程资源管理器窗口　　　　　B. 属性窗口

   C. 工具箱窗口　　　　　　　　　D. 代码窗口

4. 在 VB 集成环境中，可以列出工程中所有模块名称的窗口是_____。

   A. 工程资源管理器窗口　　　　　B. 窗体设计窗口

   C. 属性窗口　　　　　　　　　　D. 代码窗口

5. 以下关于 VB 特点的叙述中，错误的是_____。

   A. VB 是采用事件驱动编程机制的语言

   B. VB 程序既可以编译运行，也可以解释运行

   C. 构成 VB 程序的多个过程没有固定的执行顺序

   D. VB 程序不是结构化程序，不具备结构化程序的 3 种基本结构

6. VB 采用了_____编程机制。

   A. 面向过程　　　　　　　　　　B. 面向对象

   C. 事件驱动　　　　　　　　　　D. 可视化

7. 启动 VB 有多种方法，以下不正确的是_____。

   A. 通过"开始"菜单的"程序"命令

   B. 通过"开始"菜单的"运行"命令

   C. 通过"计算机"找到相应程序的可执行文件

   D. 通过 DOS 方式直接运行相应程序

8. 以下叙述中错误的是_____。

   A. 标准模块文件的扩展名为.bas

B. 标准模块文件是纯代码文件

    C. 在标准模块中声明的全局变量可以在整个工程中使用

    D. 在标准模块中不能定义过程

9. 在 VB 集成开发环境中，运行 VB 程序的快捷键为_____。

    A. F1   B. F2   C. F4   D. F5

10. 快捷键_____的功能相当于执行文件"文件"菜单中的"打开工程"命令，或者相当于单击工具栏上的"打开工程"按钮。

    A. Ctrl+A   B. Ctrl+C   C. Ctrl+X   D. Ctrl+O

11. 在窗体上画 1 个文本框(名称为 Text 1)和 1 个标签(名称为 Label 1)，程序运行后，如果在文本框中输入文本，则标签中立即显示相同的内容。以下可以实现上述操作的事件过程是_____。

    A.
```
Private Sub Text1_Change()
    Label1.Caption=Text1.Text
End Sub
```
    B.
```
Private Sub Label1_Change()
    Label1.Caption=Text1.Text
End Sub
```
    C.
```
Private Sub Text1_Click()
    Label1.Caption=Text1.Text
End Sub
```
    D.
```
Private Sub Label1_Click()
    Label1.Caption=Text1.Text
End Sub
```

12. 以下说法中错误的是_____。

    A. 如果把一个命令按钮的 Default 属性设置为 True，则按 Enter 键与单击该命令按钮的作用相同

    B. 可以用多个命令按钮组成命令按钮数组

    C. 命令按钮只能识别单击(Click)事件

    D. 通过设置命令按钮的 Enabled 属性，可以使该命令按钮有效或禁用

13. 设窗体中有一个文本框 Text1，若在程序中执行了 Text1.SetFocus，则触发_____。

    A. Text1 的 SetFocus 事件   B. Text1 的 GotFocus 事件

    C. Text1 的 LostFocus 事件   D. 窗体的 GotFocus 事件

14. 假定编写了如下 4 个窗体事件的事件过程，则运行应用程序并显示窗体后，已经执行的事件过程是_____。

    A. Load   B. Click   C. LostFocus   D. KeyPress

15. 为了使标签具有"透明"的显示效果，需要设置的属性是_____。

    A. Caption   B. Alignment   C. BackStyle   D. AutoSize

16. 以下叙述错误的是_____。

    A. 双击鼠标可以触发 DblClick 事件

    B. 窗体或控件的事件名称可以由编程人员确定

    C. 移动鼠标时，会触发 MouseMove 事件

    D. 控件的名称可以由编程人员设定

17. 在窗体上有一个名为 Text1 的文本框。当光标在文本框中时，如果按字母键 A，则被调用的事件过程是_____。

    A. Form_KeyPress()   B. Text1_LostFocus()

    C. Text1_Click()   D. Text1_Change()

18. 若设置了文本框的属性 PasswordChar="$"，则运行程序时向文本框中输入 8 个任意字符后，文本框中显示的是_____。

    A. 8个"$"   B. 1个"$"   C. 8个"*"   D. 无任何内容

二、填空题

1. 能够被对象所识别的动作与对象可执行的动作分别称为_____，_____。

2. 要把窗体 Form1 的标题改为"等级考试"，可使用的语句是_____。

3. 当窗体的_____属性设置为_____时，窗体及其中的所有控件均不可访问。

4. 为了使文本框同时具有垂直和水平滚动条，应先将 MultiLine 属性设置为 True，然后再把 ScrollBar 属性设置为_____。

5. 用来设置文字字体是否为斜体的属性是_____。

三、思考题

1. 启动 VB 环境的方法有哪几种？

2. 说出两种启动运行一个 VB 工程的方法。

3. 关闭 VB 窗口中的工具箱后，如何重新打开？

4. 如何打开 VB 的代码窗口？

随身课堂

高级语言程序设计——Visual Basic

微信扫天下　课程掌中观　　　　本章二维码

第2章 Visual Basic 程序设计基础

核心概念

标识符　常量　变量　数据类型　运算符　表达式　输入输出

引导案例

VB 是一门计算机高级程序语言，那么什么是计算机语言呢？

计算机语言(Computer Language)指用于人与计算机之间通信的语言，是人与计算机之间传递信息的媒介。计算机语言总的来说可以分成机器语言、汇编语言、高级语言三大类。

机器语言：0、1 的二进制语言。机器语言是用二进制代码表示的计算机能直接识别和执行的一种指令的集合。它是计算机的设计者通过计算机的硬件结构赋予计算机的操作功能。

汇编语言：助记符的符号语言。汇编语言是用一些简洁的英文字母、符号串来替代一个特定指令的二进制串的程序设计语言。汇编语言要有一个专门的程序将这些符号翻译成二进制数的机器语言，这种翻译程序被称为汇编程序。

高级语言：接近于人的自然语言。高级语言与计算机的硬件结构及指令系统无关，它是以人类的日常语言为基础的一种编程语言，有更强的表达能力，可方便地表示数据的运算和程序的控制结构，能更好地描述各种算法，而且容易学习掌握。

案例导学

常用的高级语言有 C、Java、Python、VB 等，不同的高级语言有自己的语句和编码规则，正如人类的自然语言一样。据统计，全世界有 5000 余种语言，不同国家和地区使用不同的文字和语言，一句简单问候的"你好"就有几十种表示方法。

因此，学习计算机语言，就像学习一门外语，必须首先要熟悉它的语句和语法规则。

2.1 语句和语法规则

2.1.1 关键字和标识符

1. 关键字

关键字又称为保留字，是 VB 系统定义的、有特定意义的词汇，它是程序设计语言的组成部分。在 VB 中，当用户在编辑窗口中输入关键字时，系统会自动识别，并将其首字母改为大写。

2. 标识符

程序设计常常需要为一些对象命名，然后通过名字访问这些对象，我们把这些自定义的命名称为标识符。标识符通常用于标记用户自定义的常量、变量、控件、函数和过程的名字。VB 中标识符的命名应遵循如下规则。

(1) 必须以字母或汉字开头。

(2) 只能由字母、汉字、数字和下画线组成，但不能直接使用 VB 的关键字。

(3) 不能超过 255 个字符，控件、窗体和模块的名字不能超过 40 个字符。

(4) 在标识符的有效范围内必须是唯一的。

在定义标识符的时候要尽量选用一些有意义的字符，这样可以提高程序的可读性，例如，姓名可以定义为 name，3 个数可以定义为 num1、num2 和 num3。

2.1.2 语句书写规则

语句是程序设计时使用的指令，语句的书写必须符合 VB 的规定。VB 可以设置自动语法检测，方法为：选择"工具|选项"命令，选中"编辑器"选项卡上的"自动语法检测"复选框，这样，系统对于不符合语法规则的语句就会给出错误提示，并显示出错的原因。

1. VB 语句书写格式

(1) VB 中每个语句以回车结束，通常一行只写一条语句，语句的长度不能超过 1023 个字符。如果一行写多条语句，语句之间要用冒号":"隔开。如果将一条语句断开换行写，需要在语句断开处用下画线"_"结尾，这样就表示下一行语句与本行语句属于一条语句。注意，下画线要与最后一个字符间隔至少一个空格。如果希望在程序代码中添加注释，则使用单引号"'"，其后面的内容表示注释，不参与程序代码的运行。

(2) VB 能够自动对语句进行简单的格式调整，例如，关键字的第一个字母大写，运算符的前后加上空格等。所以在输入时不区分大小写，例如，输入 print a+1，按 Enter 键结束后，VB 会自动将其调整为 Print a + 1。

(3) VB 还具有自动提示的功能。例如，当输入对象名时，系统会提示该对象的方法、事件等，当输入定义变量的语句时，系统会提示变量类型，此时只需要选择相应项再按空格键即可，方便了手工输入。

2．命令格式中的符号约定

为了方便介绍语法格式，本书对命令格式中的符号采用统一约定。符号的含义如下。

(1) <>中的参数为必选参数。

(2) [ ]中的参数为可选参数，其中的内容是否选择由用户根据具体情况决定，不影响语句本身的功能，如果省略，则默认为缺省值。

(3) ｜用来分隔多个选项，表示从多个选项中选择一项。

这些符号不是命令的组成部分，它们只是命令的书面表示方法，在输入具体命令时，这些符号均不可作为语句中的成分输入。

2.1.3　程序的基本框架

【例 2.1】　个税计算器。

项目说明：我国现行的个人所得税计算方法为分级税率计算法，个人所得税起征点为 3500 元，七级超额累进个人所得税税率表如图 2.1 所示。

个税7级超额累进税率

全月应纳税所得额	税率	速算扣除数(元)
全月应纳税额不超过1,500元	3%	0
全月应纳税额超过1,500元至4,500元	10%	105
全月应纳税额超过4,500元至9,000元	20%	555
全月应纳税额超过9,000元至35,000元	25%	1,005
全月应纳税额超过35,000元至55,000元	30%	2,755
全月应纳税额超过55,000元至80,000元	35%	5,505
全月应纳税额超过80,000元	45%	13,505

图 2.1　七级超额累进个人所得税税率表

根据税率表按照下面的公式进行计算：

应纳税额 = 应发工资-五险一金-个税起征点

应缴个税 = 应纳税额×税率-速算扣除数

在此实例中，在窗体上包含了标签、文本框和命令按钮，输入"应发工资"和"五险一金"后，单击"计算税金"按钮可以计算应缴个税和实发工资。程序界面如图 2.2 所示。为简化程序代码，实例中只实现了第二级个税(1500<应纳税额≤4500)的计算功能，完整的七级个税计算器程序，详见本章的扩展资源。

图 2.2　个税计算器-精简版

编写代码：

```
Dim 应纳税额 As Double, 税率 As Double, 速算扣除数 As Integer
Dim 应发工资 As Double, 五险一金 As Integer, 应缴个税 As Integer
Const 个税起征点 = 3500
```

```
Private Sub Command1_Click()
    应发工资 = Text1.Text
    五险一金 = Text2.Text
    应纳税额 = 应发工资 - 五险一金 - 个税起征点
    速算扣除数 = 105                      '当应纳税额 <= 4500 时
    税率 = 0.1
    应缴个税 = 应纳税额 * 税率 - 速算扣除数
    Label3.Caption = "应缴个人所得税=" & 应缴个税
End Sub
```

VB 程序的基本框架可以概括为 IPO 结构，即数据输入(Input)、数据处理(Process)、数据输出(Output)。我们知道，高级语言的程序是用来求解特定问题的，而问题的求解都可以归结为计算问题，IPO 的程序结构正是反映了实际问题的计算过程。

数据输入(Input)是问题求解所需数据的获取，可以由函数、文件等完成输入，也可以由用户输入，如例 2.1 中通过文本框 Text1 返回用户输入的"应发工资"。

数据处理(Process)是对输入数据进行计算。这里的计算可以是数值运算、文本处理、数据库等。可以使用运算符、表达式实现简单的运算，或者调用函数、方法完成复杂运算。如例 2.1 中计算"应缴个税"的语句，应缴个税=应纳税额×税率-速算扣除数。

数据输出(Output)是显示输出数据计算的结果，有图形输出、文件输出等输出形式。如例 2.1 中的语句，Label3.Caption="应缴个人所得税="&应缴个税，用来在屏幕上显示程序的运算结果。

小贴士

此实例中，"个税起征点"为国家现行的标准，在程序运行过程中其值保持不变，因此称为"常量"。"应发工资"和"五险一金"为用户输入的数据，"应纳税额"和"应缴个税"为程序运算所得，在程序运行过程中均会由于输入的不同而变化，因此被称为"变量"。

2.2　数据类型与常量变量

数据是程序处理的对象，不同类型的数据占用的空间不同，处理的方式也不同。VB 的数据类型主要分为 3 大类：系统定义的基本数据类型、自定义类型和枚举类型。

在程序设计中需要将数据存储为常量或变量。值不能被改变的量称为常量，值可以被改变的量称为变量。在程序中用常量和变量表示数据是重要的程序设计思想。

2.2.1　基本数据类型

表 2.1 列出了 VB 的基本数据类型。

表 2.1　VB 的基本数据类型

数据类型	字节数	类型符	取值范围
字符串型(String)	字符串长度	$	
定长字符串型 (String*长度)	字符串长度	$	
整型(Integer)	2	%	−32 768～32 767
长整型(Long)	4	&	−2 147 483 648～2 147 483 647
字节型(Byte)	1		0～255
单精度浮点型 (Single)	4	!	负数−3.402 823E38～−1.401 298E−45 正数 1.401 298E−45～3.402 823E38
双精度浮点型 (Double)	8	#	负数−1.797 693 134 862 32D308～−4.940 656 458 412 47D−324 正数 4.940 656 458 412 47D−324～1.797 693 134 862 32D308
货币型 (Currency)	8	@	−922 337 203 685 477.580 8～922 337 203 685 477.580 7
日期型(Date)	8		100 年 1 月 1 日～9999 年 12 月 31 日
布尔型(Boolean)	2		True 或 False
变体型(Variant)	不定		
对象型(Object)	4		

1．字符串型(String)

(1) 字符串是由 ASCII 码字符组成的一个字符序列，所以在字符串中字母的大小写是有区别的，如"ABC"与"abc"是不相等的。

(2) 字符串中包含的字符个数称为字符串的长度，如果长度为 0，则称为空字符串。例如：

```
"abc"              '长度为 3 的字符串
"中华人民共和国"    '长度为 7 的字符串
"    "             '由 4 个空格组成的字符串，长度为 4
""                 '空字符串
```

(3) 程序代码中的字符串需要加上定界符双引号，但输出一个字符串时并不显示双引号，运行程序时从键盘上输入一个字符串也不需要输入双引号，如图 2.3 所示。

图 2.3　"立即"窗口

2．数值型(Numeric)

数值型用来表示能够进行加、减、乘、除、整除、乘方和取模等算术运算的数值，它包括整数类型和实数类型。

(1) 整数类型。整数类型用来表示不带小数点和指数符号的整数，它又分为整型、长整型和字节型。

① 整型(Integer)：以 2 个字节存储整数，取值范围为-32 768～32 767。

② 长整型(Long)：以 4 个字节存储整数，取值范围为-2 147 483 648～2 147 483 647。

③ 字节型(Byte)：以 1 个字节存储整数，取值范围为 0～255。

(2) 实数类型。实数类型用来表示可以带有小数点或指数符号的实数，它又分为单精度浮点型、双精度浮点型和货币型。

① 单精度浮点型(Single)：以 4 个字节存储实数，指数部分用 E 表示。例如：

```
123.456E+3            '123.456×10³
```

取值范围为负数-3.402 823E38～-1.401 298E-45，正数 1.401 298E-45～3.402 823E38。

② 双精度浮点型(Double)：以 8 个字节存储实数，指数部分用 D 表示。例如：

```
123.456D-4            '123.456×10⁻⁴
```

取值范围为负数 -1.797 693 134 862 32D308 ～ -4.940 656 458 412 47D-324，正数 4.940 656 458 412 47D-324～1.797 693 134 862 32D308。

③ 货币型(Currency)：是为了表示货币而设置的数据类型。货币型以 8 个字节存储实数，没有指数形式，精确到小数点后 4 位，超过 4 位的数字将被舍去。取值范围为 -922 337 203 685 477.580 8～922 337 203 685 477.580 7。

小贴士

表示数值型数据时，要根据实际情况选用恰当的数据类型，才能加快运算速度，提高运算效率。例如，如果表示整数 265，就应当选择整型(Integer)；如果表示含小数的实数 12.27，就应当选择单精度浮点型(Single)。

3．日期型(Date)

日期型用来表示日期，存储为 8 个字节，它可以表示的日期范围从公元 100 年 1 月 1 日～9999 年 12 月 31 日。日期型数据需要用定界符"#"括起来，例如：

```
#January 1,1993#
#1 Jan 93#
#1993-1-1#
```

4．布尔型(Boolean)

布尔型又称为逻辑型，它只有两个值，即真值(True)和假值(False)，存储为 2 个字节。布尔型数据和数值型数据可以相互转换，当布尔型数据转换为数值型数据时，真转换为 -1，假转换为 0；当数值型数据转换为布尔型数据时，非零转换为真，0 转换为假。

5．变体型(Variant)

变体型是一种可变的数据类型，它可以用来表示除了定长字符串型和自定义类型以外的任何数据类型。

6．对象型(Object)

对象型用来表示图形、OLE 对象或其他对象，存储为 4 个字节。

2.2.2　自定义类型

VB 允许用户在窗体模块或标准模块的声明部分使用 Type 语句定义自己的数据类型，又称为记录型。

格式：

```
[Public|Private] Type  数据类型名
数据类型元素名  as   数据类型
数据类型元素名  as   数据类型
…
End Type
```

说明：

(1) 如果使用关键字 Public，表示定义的数据类型在整个工程中都有效；如果使用关键字 Private，表示定义的数据类型只在声明的模块中有效。在标准模块中定义时，关键字 Public 或 Private 都可省略，默认为 Public；在窗体模块中定义时，必须加上关键字 Private。

(2) "数据类型名"是要定义的数据类型的名字，"数据类型元素名"是要定义的数据类型的组成元素的名字，它们都应遵循标识符的命名规则。

(3) "数据类型"是基本数据类型或已经存在的自定义类型。

例如：

```
Type Student
   No as String*8          '定义为 8 个字符的定长字符串
   Name as String*4        '定义为 4 个字符的定长字符串
   Age as Integer
End Type
```

此例定义了一个数据类型 Student，它包含 3 个元素：No、Name 和 Age。其中，No 和 Name 为定长字符串型，Age 为整型。

2.2.3　枚举类型

当一个变量只有几种可能的取值时，可以定义为枚举类型，即将该变量的取值一一列举出来，该变量的取值只限于列举出来的值的范围。这种方法可以提高程序的阅读性并减少错误。枚举类型可以在窗体模块、标准模块或公用类模块的声明部分使用 Enum 语句来定义。

格式：

```
[Public|Private] Enum 枚举名称
   成员名 1 [=常数表达式]
```

```
    成员名 2  [=常数表达式]
    ...
End Enum
```

说明：

(1) 如果使用关键字 Public，表示定义的枚举类型在整个工程中都有效。如果使用关键字 Private，表示定义的枚举类型只在声明的模块中有效。关键字 Public 或 Private 都可省略，默认为 Public。

(2) "枚举名称"是要定义的枚举类型的名字，"成员名"是要定义的枚举类型的组成元素的名字，它们都应遵循标识符的命名规则。

(3) "常数表达式"是可选的，如果省略，在默认情况下，枚举中的第一个成员被初始化为 0，其后的成员则被初始化为比其前一个成员大 1 的数值。

例如：

```
Public Enum Workday
    Monday
    Tuesday
    Wednesday
    Thursday
    Friday
    Saturday
    Sunday
End Enum
```

此例定义了一个枚举类型 Workday，它包含 7 个成员，值依次为 0、1、2、3、4、5、6。

(4) 如果不省略"常数表达式"，可以用赋值语句给枚举中的成员赋值，所赋的值可以是任何长整型的数。

例如：

```
Public Enum Workday
    Monday=1
    Tuesday
    Wednesday
    Thursday
    Friday
    Saturday
    Sunday
End Enum
```

此例定义了一个枚举类型 Workday，它包含 7 个成员，第 1 个成员 Monday 的值为 1，其他成员的值依次为 2、3、4、5、6、7。

2.2.4 常量

常量是在程序运行过程中，值保持不变的量，如数值、字符串等。VB 的常量分为直接常量和符号常量。

1. 直接常量

直接常量就是在程序中给出具体数据的值。按照数据类型分类，直接常量又分为数值常量、字符串常量、逻辑常量或日期常量。例如，5678、233.5E-6、0.58D7、"this is a string"、True、#2017-11-18#等。

VB 在处理这些常量时要对其类型进行判断，以便合理分配存储空间，但有些常量的类型存在多义性，例如，常量 7.05 可以作为单精度类型、双精度类型或者货币类型进行处理。VB 在默认情况下会将数据处理为需要内存容量最小的数据类型，这样 7.05 就被作为单精度类型处理。用户也可以在数值的后面加上相应的类型说明符来指明常量的类型。例如，2.75!是一个单精度浮点型常量，11.25#是一个双精度浮点型常量。

2. 符号常量

符号常量是用一些有意义的名字代替永远不变的值。在程序设计中，常常遇到一些反复出现的数值，此时就可以定义一些符号常量来替代它们。这样，我们看到的就不再是数字，而是具有含义的名字，从而增加了代码的可读性。

格式：Const 常量名[类型说明] = 表达式[, 常量名[类型说明] = 表达式]…

说明："常量名"是要定义的符号常量的名字，应遵循标识符的命名规则；"类型说明"可以使用"As 类型"形式，也可以使用类型说明符；"表达式"是用户指定的符号常量的值，可以是数值型、字符串型、逻辑型或日期型，也可以使用已经定义好的符号常量定义新的符号常量。如果在一行定义多个符号常量，之间用逗号进行分隔。例如：

```
Const Pi = 3.1415926
Const Pi2 = Pi * 2, Pi4 = Pi * 4
Const tomorrow = #1/1/2018#
Const num! = 1.25, max As Double = 2.65
```

2.2.5　变量

变量实际上代表一些临时的内存单元，在这些内存单元中存储着数据，其内容因程序的运行而变化。变量都有变量名和数据类型，程序通过变量名来引用变量值，数据类型决定了变量的存储方式。

> **小贴士**
>
> 我们可以简单地把变量看作是储物盒子，盒子中存放的物品，如钥匙、文具等可以看作是变量的"值"；根据需要我们更换盒子中的物品，也就是变量的重新"赋值"；为盒子进行编号以便于查找，相当于给变量"命名"。
>
> 通常为了方便物品的存储，我们会对盒子进行分类，规定每个盒子可以存放的物品种类，也就是"变量的定义"，规定变量中存放的数据类型。

1. 变量的声明

变量的声明也称为变量的定义，就是事先将变量的名称和数据类型通知给程序。声明方式分为显式声明和隐式声明。

(1) 显式声明：在使用变量前用声明语句声明变量。

格式：Dim 变量名 [类型说明]

说明：

① 关键字 Dim 还可以是 Static、Private、Public 或 Global，它们的区别是声明的变量的作用范围不同，详见第 5 章。

② "变量名"应遵循标识符的命名规则。

③ "类型说明"可以使用"As 类型"形式，也可以使用类型说明符，若未指定类型则为变体型。例如：

```
Dim var As Integer        '定义 var 为整型变量
Public sum_1 As Double     '定义 sum_1 为双精度浮点型变量
Dim tomorrow As Date      '定义 tomorrow 为日期型变量
Dim total!                '定义 total 为单精度浮点型变量
Dim average@              '定义 average 为货币型变量
Dim x                     '定义 x 为变体型变量
```

当定义变量为字符串型时，可以通过"String*长度"来定义定长字符串型变量。

又如：

```
Dim name1 As String        '定义 name1 为变长字符串型变量，长度取决于赋值
Dim name2 As String*6     '定义 name2 为定长字符串型变量，长度为 6
```

可以用一个 Dim 语句定义多个变量，但必须指定每个变量的数据类型，否则为变体型。例如：

```
Dim var1 As Integer, var2 As Integer   '定义 var1 和 var2 都为整型变量
Dim var1, var2 As Integer              '定义 var1 为变体型变量，var2 为整型变量
```

(2) 隐式声明：VB 允许使用未经声明语句声明的变量，这种方式称为隐式声明。

例如：

```
Private Sub Command1_Click()
    Var = 50
    Print Var
End Sub
```

在该过程中，程序没有事先用声明语句声明变量 Var，而是直接为变量 Var 赋值为 50，这时 VB 会自动创建一个变量 Var。虽然这种方法很方便，但是如果使用变量时把变量名拼写错了，会导致一个难以查找的错误。为了避免这样的错误发生，可以采用强制变量声明，即在模块的声明段中加入语句 Option Explicit。或者选择"工具|选项"命令，选择"编辑器"选项卡，再选中"要求变量声明"复选框，单击"确定"按钮，这样 VB 就会在任何新模块中自动插入语句 Option Explicit，如图 2.4 所示。

图 2.4 设置强制变量声明

设置强制变量声明以后，程序遇到未经声明语句声明的变量就会给出错误警告。

2．自定义类型的变量

自定义类型的变量与基本数据类型的变量的定义格式完全一样。例如，在 2.2.2 节中自定义了一个数据类型 Student，下面语句定义了一个 Student 类型的变量 lining。

```
Dim lining As Student
```

由于自定义类型包含多个元素，所以引用自定义类型的变量时应指定引用了哪个元素。

格式：变量名．元素名

例如：

```
lining.No
lining.Name
lining.Age
```

3．枚举类型的变量

枚举类型的变量与基本数据类型变量的定义格式完全一样。例如，在 2.2.3 节中定义了一个枚举类型 Workday，下面语句定义并引用了一个 Workday 类型的变量 mywork。

```
Dim mywork As Workday      '定义变量mywork为Workday类型
mywork = Tuesday           '将成员Tuesday(值为2)赋值给变量mywork
Print mywork               '输出变量mywork的值，结果为2
```

2.3　运算符和表达式

运算符是表示数据之间运算方式的符号，操作数是参与运算的数据，表达式是由运算符和操作数组成的式子。例如，算术表达式 1+2 中，1、2 是操作数，"+"是运算符。

需要两个操作数的运算符，称为双目运算符；只需要一个操作数的运算符，称为单目运算符。例如，"-"作为负号时只需要一个操作数，是单目运算符。

VB 提供了丰富的运算符，可以组成多种类型的表达式。

2.3.1 算术运算符与算术表达式

1．算术运算符

算术运算符的功能是对数值进行算术运算。VB 支持的算术运算符如表 2.2 所示。

表 2.2　算术运算符

运 算 符	运 算	表达式举例	表达式含义	运算结果(令 x=5,y=2)
^	乘方	x ^ y	x 的 y 次方	25
–	负号	–y	负 y	–2
*	乘法	x * y	x,y 的乘积	10
/	除法	x / y	x 除以 y	2.5
\	整除	x \ y	x 整除 y	2
Mod	取模(取余)	x Mod y	x 除以 y 的余数	1
+	加法	x + y	x,y 的和	7
–	减法	x – y	x,y 的差	3

说明：

(1)　除法"/"与整除"\"的区别：除法运算符执行标准的除法运算，结果为浮点数；而整除运算符先执行除法运算再将运算结果的小数位全部去掉，因此结果为整数。参加整除运算的操作数一般为整数，当操作数中含有小数时，先将其四舍五入为整数后，再进行整除运算。例如：

```
? 10 \ 4              '结果为：2
? 13.8 \ 5.6          '结果为：2
```

(2)　取余 Mod 可以求两个数相除的余数。当操作数中含有小数时，先将其四舍五入为整数后，再进行取余运算。例如：

```
? 11.5 Mod 5.1        '结果为：2
```

2．算术表达式

算术表达式是用算术运算符和圆括号将数值型常量、变量、函数等连接形成的一个运算式子。在书写 VB 表达式时，应注意与数学中的表达式写法的区别。

(1)　VB 表达式不能省略乘号运算符，例如，数学中的表达式 b^2-4ac，写成 VB 表达式应为 b^2-4*a*c。

(2)　VB 表达式中所有的括号一律使用圆括号，并且括号左右必须配对。例如，数学中的表达式[(x+y)/(a–b)+c]x，写成 VB 表达式应为((x+y)/(a–b)+c)*x。

一个表达式的运算次序由运算符的优先级决定，优先级高的先运算，优先级低的后运算，优先级相同的按从左到右的次序运算。算术运算符的优先级从高到低为：

乘方→负数→(乘、除)→整除→取模→(加、减)

例如：

```
? -2 ^ 2              '结果为: -4
? 3 ^ 3 \ 2           '结果为: 13
? 4 Mod 8 / 2         '结果为: 0
? 3 * 2 \ 3 / 2       '结果为: 3
```

2.3.2 字符串运算符与字符串表达式

1．字符串运算符

VB 支持的字符串运算符只有"&"和"+"，它们的功能是把字符串连接起来。
例如：

```
? "Visual" + "Basic"      '结果为: VisualBasic
? "Visual" & "Basic"      '结果为: VisualBasic
```

二者的区别如下：使用"+"，操作数同为字符串时，做连接运算；同为数值或一个是数值而另一个是数字字符串时，做加法运算；其他类型的操作数会出错。使用"&"，可以将其他类型的操作数强制转换为字符串后再连接。注意：如果操作数是变量或数值，则操作数与"&"之间要加一个空格，否则会将"&"看作类型说明符，得不到希望的结果。例如：

```
? "123" & 456      '连接运算，结果为: 123456
? "123" + 456      '加法运算，结果为: 579
? "abcd" + 123     '操作类型不匹配，出错
? "abcd" & 123     '连接运算，结果为: abcd123
```

为避免混淆，字符串进行连接时一般使用"&"运算符。

2．字符串表达式

字符串表达式是用字符串运算符和圆括号将字符串型常量、变量、函数等连接形成的一个运算式子。例如：

```
? "abc" & "123" & Left("abc",1)      '结果为: abcd123a
```

2.3.3 关系运算符与关系表达式

1．关系运算符

关系运算符的功能是比较两个操作数的关系，如比较大小。VB 支持的关系运算符如表 2.3 所示。

表 2.3 关系运算符

运 算 符	运 算	表达式举例	运算结果
=	等于	"abc" = "abd"	False
>	大于	34 > 12	True

运 算 符	运 算	表达式举例	运算结果
>=	大于(或)等于	"34" >= "12"	True
<	小于	"ADF" < "ABF"	False
<=	小于(或)等于	"abc" <= "abc"	True
<>	不等于	"abc" <> "ABC"	True

关系运算符的比较规则如下。

(1) 两个操作数都是数值型时，比较它们的数值大小。

(2) 两个操作数都是字符串型时，从左到右逐个字符比较 ASCII 码值，直到遇到不同字符为止；对于两个汉字字符，比较它们的拼音，如"啊">"我"的运算结果为 False。常见字符的比较关系如下。

"空格"<"0"<……<"9"<"A"<……<"Z"<"a"<……<"z"<"汉字"

(3) 两个操作数都是日期型时，是将日期看成"yyyymmdd"的 8 位整数，再按数值进行比较。

2. 关系表达式

关系表达式是用关系运算符和圆括号将各种表达式、常量、变量、函数等连接形成的一个运算式子。关系运算符两个操作数的数据类型必须一致。

```
? 10 - 5 > 2 + 3          '结果为：False
? "xyz" = "XYZ"           '结果为：False
```

2.3.4 逻辑运算符与逻辑表达式

1. 逻辑运算符

逻辑运算符的功能是对逻辑值(即 True 和 False)进行运算，VB 支持的逻辑运算符有以下 6 种。

(1) Not(取反)运算，即将 True 变为 False 或将 False 变为 True。例如：

```
? Not "abc" < "abd"       '结果为：False
```

(2) And(与)运算，只有两个操作数的值都为 True 时，结果为 True，否则结果为 False。

```
? True And 1 < 2          '结果为：True
? 2 + 2 = 4 And False     '结果为：False
? 3 < 5 And "a" = "A"     '结果为：False
```

(3) Or(或)运算，只有两个操作数的值都为 False 时，结果为 False，否则结果为 True。

```
? "abc" <> "ABC" Or 2 > 1    '结果为：True
? True Or 6 - 3 > 4          '结果为：True
```

```
? 6 < 2 Or "b" = "B"              '结果为：False
```

(4) Xor(异或)运算，两个操作数的值不同时，结果为 True，否则结果为 False。

```
? 3 > 5 Xor 8 < 5                 '结果为：False
```

(5) Eqv(等价)运算，两个操作数的值相同时，结果为 True，否则结果为 False。

```
? 3 > 5 Eqv 8 < 5                 '结果为：True
```

(6) Imp(蕴含)运算，当第一个操作数的值为 True，第二个操作数的值为 False 时，结果为 False，否则结果为 True。

```
? 5 < 6 Imp 2 > 3                 '结果为：False
```

以上 6 种逻辑运算符的运算如表 2.4 所示，其中，T 表示 True，F 表示 False。

表 2.4 逻辑运算符的运算

X	Y	Not X	X And Y	X Or Y	X Xor Y	X Eqv Y	X Imp Y
T	T	F	T	T	F	T	T
T	F	F	F	T	T	F	F
F	T	T	F	T	T	F	T
F	F	T	F	F	F	T	T

2. 逻辑表达式

逻辑表达式是用逻辑运算符和圆括号将关系表达式、逻辑型常量、变量、函数等连接形成的一个运算式子。

逻辑运算符的优先级从高到低为：Not→And→Or→Xor→Eqv→Imp。例如：

```
? Not "Abc" = "abc" Or 2 + 3 <> 5 And "23" < "3"    '结果为：True
```

2.3.5 日期运算符与日期表达式

1. 日期运算符

VB 支持的日期运算符只有"+"和"−"，它们的功能是对日期进行运算。

2. 日期表达式

日期表达式是用日期运算符和圆括号将算术表达式、日期型常量、变量、函数等连接形成的一个运算式子。日期表达式包括以下操作。

(1) "+"连接的日期表达式，一个操作数为日期型，另一个操作数为数值型，计算该日期若干天后的日期。例如：

```
? #2017-02-01# + 1               '结果为：2017-2-2
```

(2) "−"连接的日期表达式有两种情况：一个操作数为日期型，另一个操作数为数值型，计算该日期若干天前的日期；两个操作数都是日期型，计算两个日期相差的天数。

例如：

```
? #01/01/2017# - 2              '结果为：2016-12-30
? #2017-02-02# - 2              '结果为：2017-1-31
? #2017-02-03# - #2017-02-02#   '结果为：1
```

2.3.6 运算符的执行顺序

在一个表达式中，往往含有多种运算符，VB 规定了各种运算符的优先级次序，优先级高的先运算，优先级低的后运算，优先级相同的按从左向右的次序运算。如果表达式中含有括号，则先运算括号内的表达式；如果含有多层括号，则先运算最内层括号，然后从内层括号向外层括号依次进行运算。

各运算符的优先级从高到低的排列次序如表 2.5 所示。

表 2.5 各运算符的优先级

优 先 级	运 算 符	优 先 级	运 算 符
1	^	8	= > < <> >= <=
2	-(取负)	9	Not
3	* /	10	And
4	\	11	Or
5	Mod	12	Xor
6	+ -	13	Eqv
7	字符串连接&和+	14	Imp

例如，一个混合运算表达式的运算顺序如下所示。

2.4 常用内部函数

标准函数是系统已经定义好的函数，它们能够完成特定的功能，用户可以直接使用。VB 为用户提供了大量的标准函数，利用这些标准函数可以直接完成一些任务。

函数的调用格式：<函数名>([参数 1],[参数 2]…)

说明：

(1) 每个函数都有函数名，通过函数名调用函数。

(2) 数学中函数的"自变量"在程序设计语言中称为"参数"，函数的运算结果称为

"返回值"。

(3) 函数是以表达式的形式调用的，而不能单独作为一个语句。例如：

```
a = Sin(b)
z = Sin(x) + Cos(x + y)
```

上面的例子中，Sin 和 Cos 是函数名，括号里面的表达式是参数，每种函数使用的参数类型都是规定好的，所以，了解函数的参数类型才能正确地使用函数。下面将介绍一些常用的标准函数。

2.4.1 数学函数

VB 提供的常用数学函数及功能如表 2.6 所示。

表 2.6 数学函数

函 数 名	功能说明	举 例
Fix(x)	取整，截去小数部分	Fix(3.125)结果为 3，Fix(2.98)结果为 2，Fix(-2.6)结果为-2
Int(x)	求不大于 x 的最大整数	Int(1.9)结果为 1，Int(1.3)结果为 1，Int(-2.5)结果为-3
Round(x,n)	将 x 四舍五入，保留 n 位小数	Round(1.9)结果为 2，Round(1.916,2)结果为 1.92
Abs(x)	求绝对值	Abs(-3.5)结果为 3.5
Sgn(x)	求数字符号	Sgn(-3)结果为-1，Sgn(3)结果为 1，Sgn(0)结果为 0
Sqr(x)	求平方根	Sqr(25)结果为 5
Exp(x)	指数函数，求 e^x	Exp(0)结果为 1
Log(x)	求自然对数	Log(1)结果为 0
Sin(x)	正弦函数	Sin(0)结果为 0
Cos(x)	余弦函数	Cos(0)结果为 1
Tan(x)	正切函数	Tan(0)结果为 0
Atn(x)	反正切函数	Atn(0)结果为 0

说明：

(1) 数学函数的参数 x 为数值型。其中 Sin、Cos 和 Tan 的参数 x 必须为弧度值。例如，求 30 度的正弦值，不能写成 Sin(30)，必须把 30 度转化为弧度值，应写成 Sin(30 * 3.14159 / 180)。VB 只提供了 4 个三角函数，其他三角函数都可以由这 4 个三角函数导出。

(2) 在使用数学函数时，必须保证参数的值在数学上有意义。例如，使用 Sqr 函数，必须保证参数为大于或等于 0 的数。

(3) 对于 Sgn(x)函数，当 x<0 时，函数值为-1；当 x>0 时，函数值为 1；当 x=0 时，函数值为 0。

(4) 书写数学表达式时要注意使用正确的函数形式。例如，在 VB 中，数学表达式 $\ln[e^x+|arctg(x)|]+\cos^2 x$ 的正确写法应为：Log(Exp(x)+Abs(Atn(x)))+Cos(x)^2。

（5）四舍五入规则：小于 5 时舍，大于 5 时入，等于 5 时的舍入情况取决于前一位数，当前一位数为偶数时舍，为奇数时入。例如：

```
? Round(2.5)          '结果为：2
? Round(1.5)          '结果为：2
```

2.4.2 字符串函数

VB 提供了大量的字符串函数，应用这些字符串函数可以方便灵活地处理字符串。VB 提供的常用字符串函数及功能如表 2.7 所示。

表 2.7　字符串函数

函 数 名	功能说明
Trim(字符串表达式)	删除字符串两端空格字符
LTrim(字符串表达式)	删除字符串左端空格字符
RTrim(字符串表达式)	删除字符串右端空格字符
Left(字符串表达式,n)	从字符串的左端截取 n 个字符
Right(字符串表达式,n)	从字符串的右端截取 n 个字符
Mid(字符串表达式,n,m)	从字符串的第 n 个字符开始截取 m 个字符
Len(字符串表达式) 或 Len(变量名)	求字符串的长度，或求某个变量所占的字节数
LenB(字符串表达式)	求字符串所占的字节数
String(n,字符)或 String(n,ASCII 码)	产生由 n 个指定字符(或指定 ASCII 码值对应的字符)组成的字符串
Space(n)	产生由 n 个空格组成的字符串
InStr([起始位置,]字符串 1,字符串 2 [,n])	返回"字符串 2"在"字符串 1"中第一次出现的位置；若加上"起始位置"，表示从该位置开始查找，如果省略，默认从第一个字符开始查找；n 表示字符串的比较方式，0 为区分字母的大小写，1 为不区分字母的大小写，如果省略默认为 0；如果给出参数 n，则参数"起始位置"也必须给出
UCase(字符串表达式)	将字符串中的所有字母字符均转换成大写，非字母字符不变
LCase(字符串表达式)	将字符串中的所有字母字符均转换成小写，非字母字符不变
Asc(字符串表达式)	求字符串表达式中第一个字符的 ASCII 码值
Chr(表达式)	求以表达式的值为 ASCII 码的字符
Val(字符串)	将字符串转换为数值，转换时遇到第一个非数字字符则停止转换，但指数符号、小数点和负号除外
Str(数值表达式)	将数值转换为对应的字符串

函数应用举例如下。

（1）

```
a="  good  morning    "
? Ltrim(a);      "!"  '删除字符串 a 左端空格字符，结果为：good  morning     !
? Rtrim(a);      "!"  '删除字符串 a 右端空格字符，结果为：  good  morning!
```

```
? Trim(a);        "!" '删除字符串 a 两端空格字符，结果为：good   morning!
```

(2)

```
b="abcdefg"
? Left(b,4)       '从字符串 b 左端截取 4 个字符，结果为：abcd
? Mid(b,2,3)      '从字符串 b 第 2 个字符开始截取 3 个字符，结果为：bcd
? Right(b,4)      '从字符串 b 右端截取 4 个字符，结果为：defg
```

(3)

```
? Len("I am a student")      '结果为：14
? Len("中国")                '结果为：2
```

(4)

```
? "a" + space(3) + "b"       '结果为：a   b
? String(3, "a")             '结果为：aaa
? String(3,"abc")            '结果为：aaa，仅返回首字符组成的字符串
? String(3,97)               '结果为：aaa
```

(5)

```
? InStr("visual basic", "bas")           '结果为：8
? InStr(9,"visual basic", "bas")         '从第 9 个字符开始查找，结果为：0
? InStr(3,"Basic Database", "Bas",1)     '不区分大小写，结果为：11
```

(6)

```
a=UCase("visual basic")
b=LCase(a)
?a,b                         '结果为：VISUAL BASIC  visual basic
```

(7)

```
? Val("123ab4")          '遇到字符"a"停止转换，结果为：123
? Val("56.83*4")         '遇到字符"*"停止转换，结果为：56.83
? Val("26.4e7")          '字符"e"为指数符号，结果为：264000000
? Str(825.6)             '结果为：825.6
? "abc" + Str(26.3)      '"+"将两个字符串连接起来，结果为：abc 26.3
? "32" + Str(-81.5)      '"+"将两个字符串连接起来，结果为：32-81.5
```

2.4.3 转换函数

在 VB 中，有些数据类型之间可以自动进行转换，如数字字符串可以自动转换为数值。但是，多数数据类型之间不能自动进行转换，需要 VB 提供的类型转换函数进行强制转换。VB 提供的类型转换函数及功能如表 2.8 所示。

表 2.8　类型转换函数

函 数 名	功能说明
CInt(数值表达式)	将数值强制转换为 Integer 类型，第 1 位小数进行四舍五入
CCur(数值表达式)	将数值强制转换为 Currency 类型，第 5 位小数进行四舍五入
CDbl(数值表达式)	将数值强制转换为 Double 类型

函 数 名	功 能 说 明
CLng(数值表达式)	将数值强制转换为 Long 类型，第 1 位小数进行四舍五入
CSng(数值表达式)	将数值强制转换为 Single 类型
CVar(数值表达式)	将数值强制转换为 Variant 类型
CStr(表达式)	将表达式的值强制转换为 String 类型
CDate(表达式)	将表达式的值强制转换为 Date 类型
CBool(表达式)	将表达式的值强制转换为 Boolean 类型
CByte(表达式)	将表达式的值强制转换为 Byte 类型

例如：

```
? CInt(34.5)              '返回值为 Integer 类型，结果为：34
? CCur(34.5423898)        '返回值为 Currency 类型，结果为：34.5424
```

2.4.4　日期和时间函数

VB 提供的常用日期和时间函数及功能如表 2.9 所示。

表 2.9　日期和时间函数

函 数 名	功 能 说 明
Now 或 Now()	返回系统当前的日期和时间，格式为：yyyy-mm-dd hh:mm:ss
Date 或 Date()	返回系统当前的日期，格式为：yyyy-mm-dd
DateSerial(年,月,日)	把年、月、日 3 个参数连接形成一个日期
DateValue(日期字符串)	返回一个日期
Day(日期字符串)	返回日期字符串中的日，结果为整型数
WeekDay(日期字符串)	求指定日期是星期几，结果为整型数，1 代表星期日，2 代表星期一……
WeekDayName(整数)	返回星期代号，例如 WeekDayName(1)结果为：星期日
Month(日期字符串)	返回日期字符串中的月份，结果为整型数
Year(日期字符串)	返回日期字符串中的年份，结果为整型数
Hour(时间字符串)	返回时间字符串中的小时数，结果为整型数
Minute(时间字符串)	返回时间字符串中的分钟数，结果为整型数
Second(时间字符串)	返回时间字符串中的秒数，结果为整型数
Time 或 Time()	返回系统当前的时间，格式为：hh:mm:ss
Timer 或 Timer()	返回从午夜开始到当前经过的秒数
TimeSerial(时，分，秒)	把时、分、秒 3 个参数连接形成一个时间
TimeValue(时间字符串)	返回一个时间

说明：其中 Date、Time 和 Now 3 个函数都有无参数的形式，例如：

```
? Date,Time,Now    '结果为：2017-11-16 15:41:52
```

2.4.5　随机数函数

1．Rnd 函数

格式：Rnd[(x)]，其中参数 x 是一个双精度浮点数，可以省略。

功能：可产生一个 0～1(大于或等于 0，但小于 1)的单精度随机数。下一个要产生的随机数受参数 x 的影响。

(1)　当 x<0 时，每次产生相同的随机数。

(2)　当 x>0 或省略时，每次产生不同的随机数。

(3)　当 x=0 时，该次产生与上次相同的随机数。

说明：该函数产生的是一个单精度随机数。要产生随机整数，可利用取整函数来完成。例如，要产生 0～100(包括 0，不包括 100)的随机整数，可以写成 Int(Rnd*100)。

产生随机整数的公式如下。

(1)　产生区间[n,m)范围内的随机整数：Int(Rnd*(m−n)+n)。

(2)　产生区间[n,m]范围内的随机整数：Int(Rnd *(m−n+1)+n)。

例如，产生[100, 1000)的随机整数为：Int(Rnd *900+100)。

2．Randomize 语句

格式：Randomize[(x)]，其中参数 x 可以省略。

功能：将 Rnd 函数的随机数生成器初始化。

当应用程序多次调用同一个过程中的 Rnd 函数时，相同的随机数序列会反复出现，使用 Randomize 语句可以消除这种情况，从而产生不同的随机数序列。所以一般情况下，在调用 Rnd 函数之前，要先使用无参数的 Randomize 语句。例如：

```
Randomize
Print Rnd
```

2.4.6　数制转换函数

VB 提供的常用数制转换函数及功能如表 2.10 所示。

表 2.10　数制转换函数

函 数 名	功能说明	举　例
Hex(x)或 Hex$(x)	将十进制数转换为十六进制数	Hex(100)结果为 64
Oct(x)或 Oct$(x)	将十进制数转换为八进制数	Oct(100)结果为 144

2.4.7　测试函数

格式：TypeName (变量名)

功能：测试变量的数据类型。

说明：返回值为具体的类型名，如 Integer、String 等。变体型变量未赋值之前的测试结果为 Empty，对象型变量(如按钮、文本框等)测试结果为该对象的一个具体类型，即 CommandButton、TextBox 等。例如：

```
Dim a As Variant
Dim b As Integer
Dim c As Double
Dim d As String
Print TypeName(a)              '结果为：Empty
Print TypeName(b)              '结果为：Integer
Print TypeName(c)              '结果为：Double
Print TypeName(d)              '结果为：String
Print TypeName(Command1)       '结果为：CommandButton
Print TypeName(Picture1)       '结果为：PictureBox
Print TypeName(Text1)          '结果为：TextBox
```

2.5 数据输出与输入

程序运行时，常常需要与外界交换信息，如从键盘、磁盘等外围设备向计算机输入信息，将计算机中的信息显示到屏幕上或从打印机打印出来，这就是数据的输入与输出，是程序设计最基本的两个功能。

VB 提供了丰富的输入/输出形式，与控件结合实现的输入/输出操作更加灵活、形象、直观。

2.5.1 数据输出 Print

VB 的输出主要是通过 Print 方法实现的，此外还可以通过设置一些控件的属性来实现。

1．Print 方法

Print 方法是最常用的输出方法，它可以实现在窗体、图片框、打印机或立即窗口中输出数据。

格式：[对象名.]Print [表达式列表]

功能：在指定对象中输出表达式的值。

说明：

(1) "对象名"可以是窗体、图片框、打印机或立即窗口。例如：

```
Form1.Print "中国"        '在窗体 Form1 中输出字符串"中国"
Picture1.Print "中国"     '在图片框 Picture1 中输出字符串"中国"
Printer.Print "中国"      '在打印机中输出字符串"中国"
Debug.Print "中国"        '在立即窗口中输出字符串"中国"
```

如果省略"对象名"，则默认对象为当前窗体。例如：

```
Print "中国"              '在当前窗体中输出字符串"中国"
```

(2) "表达式列表"可以是一个或多个表达式。如果是数值表达式，则输出数值表达式运算后的结果，输出数值的前面有一个符号位，后面有一个空格；如果是字符串表达式，则原样输出，输出字符串的前后都没有空格；如果省略"表达式列表"，则输出一个空行。例如：

```
Private Sub Form_Click()
  x = 10
  Print x                  '输出变量 x 的值
  Print                    '输出一个空行
  Print 2 + 3              '输出数值表达式 2+3 的值
  Print "2+3"              '输出字符串 2+3
End Sub
```

单击窗体后，运行结果如图 2.5 所示。

多个表达式之间要用分号、逗号或空格隔开。如果用分号或空格隔开，则以紧凑格式输出数据；如果用逗号隔开，则以标准格式输出数据，即每个输出项占 14 个字符位。例如：

```
Private Sub Form_Click()
  Print "3" "5" "8"            '用空格隔开，以紧凑格式输出数据
  Print "3"; "5"; "8"          '用分号隔开，以紧凑格式输出数据
  Print "1", "2", "3"          '用逗号隔开，每个输出项占 14 个字符位
  Print "123", "123", "123"
End Sub
```

单击窗体后，运行结果如图 2.6 所示。

图 2.5　运行结果

图 2.6　运行结果

(3) 一般情况下，执行 Print 方法后会自动换行，即下一个 Print 语句的输出内容会在新的一行显示。如果要下一个 Print 语句的输出内容也在同一行上显示，可以在当前 Print 语句的末尾加上一个分号或逗号。其中，分号表示紧凑格式，逗号表示标准格式。例如：

```
Private Sub Form_Click()
  Print "25+35";            '分号连接的紧凑格式
  Print "=";
  Print 25 + 35
  Print "25+35",            '逗号连接的标准格式
  Print "=",
  Print 25 + 35
End Sub
```

单击窗体后，运行结果如图2.7所示。

(4) 可以用"?"代替关键字 Print，VB 会自动将它转换成 Print。

图2.7　运行结果

2．与 Print 方法有关的函数

VB 提供了一些与 Print 方法结合使用的函数，包括 Tab、Spc、Space 和 Format 等，利用这些函数可以指定输出内容的位置及格式。

1）　Tab()函数

格式：Print Tab(n);输出内容

功能：与 Print 方法结合使用，从第 n 列开始输出内容，n 为整数。

说明：如果一个 Print 语句中使用多个 Tab 函数，则每个 Tab 函数对应一个输出项，各输出项之间用分号隔开。

2）　Spc()函数

格式：Print Spc(n);输出内容

功能：与 Print 方法结合使用，从当前位置跳过 n 列后再输出内容，n 为整数。

说明：如果一个 Print 语句中使用多个 Spc 函数，则每个 Spc 函数对应一个输出项，各输出项之间用分号隔开。

Spc 函数与 Tab 函数功能相似，但应注意 Tab 函数是从对象左端开始计数，而 Spc 函数是从前一输出项结束位置开始计数，表示两个输出项之间的间隔。

3）　Space()函数

格式：Space(n)

功能：返回由 n 个空格组成的字符串。

Space 函数与 Spc 函数功能相似，但应注意 Space 函数和输出内容之间可以用字符串运算符进行连接，而 Spc 函数和输出内容之间只能用分号进行连接。

【例2.2】　用下面程序代码验证位置输出结果。

```
Private Sub Form_Click()
  Print "1234567890"
  Print Tab(10); "abc"   '从第10列开始输出字符串"abc"
  Print Tab(5); "中国"; Tab(10);    "辽宁"; Tab(20); "沈阳"
  Print Spc(10); "abc"   '跳过10列后再输出字符串"abc"
  Print "中国"; Spc(5); "辽宁"; Spc(5); "沈阳"
  Print "中国" + Space(5) + "辽宁" + Space(5) + "沈阳"
End Sub
```

单击窗体后，运行结果如图2.8所示。

4）　Format()函数

格式：Print Format(数值表达式[,格式字符串])

功能：与 Print 方法结合使用，按"格式字符串"指定的

图2.8　运行结果

格式输出数值表达式的值。

说明："格式字符串"可以包含以下几种符号。

① #：表示一个数字位，用于控制输出数值的长度。如果整数部分的实际长度小于指定长度，则多余位不补 0，数据左对齐；如果整数部分的实际长度大于指定长度，则原样输出。如果小数部分的实际长度小于指定长度，则多余位不补 0；如果小数部分的实际长度大于指定长度，则四舍五入保留到指定长度。

② 0：与#功能基本相同，区别是实际长度小于指定长度时，多余位用 0 补齐。

③ .：显示小数点，与#、0 结合使用。

④ ,：千位分隔符，可以放在格式字符串的小数点左边除了开始位置或与小数点相邻位置以外的任何其他位置。功能是将输出数值的整数部分从小数点左边第一位开始，每 3 位用一个逗号隔开。例如：

```
Print Format(1234.567,"##,##.###")      '输出结果为：12,345.67
Print Format(1234.567,"###,#.###")       '输出结果为：1,234.567
```

⑤ %：百分号，应该放在格式字符串的末尾，功能是将数值以百分数的形式输出。例如：

```
Print Format(0.1234,"##.##%")           '输出结果为：12.34%
Print Format(5.67,"##.##%")             '输出结果为：567.%
```

⑥ $：美元符号，应该放在格式字符串的开始，功能是在输出数值的前面加上一个"$"。例如：

```
Print Format(5.67,"$##.##")             '输出结果为：$5.67
```

⑦ +，-(正、负号)：应该放在格式字符串的开始，功能是在输出数值的前面加上一个"+"或"-"。例如：

```
Print Format(5.67,"+00.##")             '输出结果为：+05.67
Print Format(5.67,"-00.##")             '输出结果为：-05.67
```

⑧ E+，E-：将数值以指数形式输出。例如：

```
Print Format(12345.67,"#.##E+###")      '输出结果为：1.23E+4
Print Format(0.001234567,"0.00E-00")    '输出结果为：1.23E-03
```

【例 2.3】用下面程序代码验证格式输出结果。

```
Private Sub Form_Click()
    a = Sqr(5)
    Print Format(a, "00.000")
    Print Format(a, "##.###")
    Print Format(a, "00.###")
    Print Format(a, "#,#.###")
    Print Format(a, "$00.###")
    Print Format(a, "-00.000")
    Print Format(a, "##.##%")
    Print Format(a, "#.##E+##")
End Sub
```

图 2.9　运行结果

单击窗体后，运行结果如图 2.9 所示。

3. Cls 方法

格式：[对象名.]Cls

功能：清除程序运行时指定对象上产生的文本和图形。"对象名"可以是窗体或图片框，如果省略"对象名"，则默认对象为当前窗体。例如：

```
Form1.Cls
Picture1.Cls
Cls
```

设计时，窗体或图片框中使用 Picture 属性设置的背景位图和放置的控件不受 Cls 方法的影响。

2.5.2 数据输入 InputBox 函数

VB 提供了 InputBox 函数，用于输入数据。

格式：InputBox(提示信息[,标题][,缺省值][,x 坐标][,y 坐标])

功能：产生一个输入框，等待用户输入信息后，将输入信息作为字符串返回。

说明：

(1) 各参数功能如下。

① "提示信息"是一个长度不超过 1024 个字符的字符串，用于提示用户输入。"提示信息"的长度超过一行时可以自动换行，若要强制换行可以使用回车符 Chr(13)、换行符 Chr(10)或回车换行符 Chr(13)&Chr(10)。

② "标题"是一个字符串，如果省略，则默认标题为工程的名称。

③ "缺省值"是一个字符串，表示默认的输入值。例如：

```
x= InputBox("请输入一个数","例",10)
```

显示的输入框如图 2.10 所示。又如：

```
city=InputBox("中国"+chr(10)+"辽宁"+chr(10) +"省会城市","例","shenyang")
```

显示的输入框如图 2.11 所示。

图 2.10　输入框举例

图 2.11　输入框举例

④ "x 坐标""y 坐标"均为数值表达式，表示输入框左上角的坐标，用于指定输入框的位置。

其中，"提示信息"是必选参数，不可以省略；其余都是可选参数，可以省略。

例如：

```
x= InputBox("")
```

显示的输入框如图 2.12 所示。

图 2.12　输入框举例

(2)　输入框上有"确定"和"取消"两个按钮，用户在输入信息后，单击"确定"按钮，将输入信息作为字符串返回；单击"取消"按钮，将返回一个空字符串。

(3)　调用一次 InputBox 函数只能输入一个值。InputBox 函数的返回值是字符串型，如果需要获取其他类型的输入值，则需要将返回值进行类型转换或事先声明变量的类型。

【例 2.4】　利用 InputBox 函数输入一组学生信息。

```
Private Sub Form_Click()
    Dim s As String, x As Single,y As Single
    s = InputBox("请输入学生姓名：", "学生信息")
    x = InputBox("请输入数学成绩：", "学生信息")
    y = InputBox("请输入语文成绩：", "学生信息")
    Print "姓名", "数学成绩", "语文成绩", "总成绩"
    Print s,x, y, x + y
End Sub
```

单击窗体后，依次显示 3 个输入框，第 1 个输入框如图 2.13 所示。

在 3 个输入框中依次输入王小莉、95、98，单击"确定"按钮，运行结果如图 2.14 所示。

图 2.13　显示的第 1 个输入框

图 2.14　运行结果

2.5.3　消息框 MsgBox

消息框用于向用户显示消息，等待用户作出选择，将用户的选择作为程序继续运行的依据。消息框有函数和语句两种形式。

1. MsgBox 函数

格式：MsgBox(提示信息 [,按钮类型][,标题])

功能：产生一个消息框，等待用户作出选择，根据用户的选择，返回一个整数。

说明：

（1）"提示信息"是一个长度不超过 1024 个字符的字符串，用于向用户显示消息。"提示信息"的长度超过一行时可以自动换行，若要强制换行可以使用回车符 Chr(13)、换行符 Chr(10)或回车换行符 Chr(13)&Chr(10)。

（2）"标题"是一个字符串，如果省略，则默认标题为工程的名称。

（3）"按钮类型"用来指定消息框中显示按钮的个数、使用图标的样式、默认按钮的位置以及消息框的强制回应等。每项内容的详细取值如表 2.11 所示。

表 2.11　消息框按钮类型参数取值

符号常量	值	描　　述
bOKOnly	0	只显示"确定"按钮
vbOKCancel	1	显示"确定"及"取消"按钮
vbAbortRetryIgnore	2	显示"终止""重试"及"忽略"按钮
vbYesNoCancel	3	显示"是""否"及"取消"按钮
vbYesNo	4	显示"是"及"否"按钮
vbRetryCancel	5	显示"重试"及"取消"按钮
vbCritical	16	显示 ✖ 图标
vbQuestion	32	显示 ❓ 图标
vbExclamation	48	显示 ⚠ 图标
vbInformation	64	显示 ℹ 图标
vbDefaultButton1	0	第 1 个按钮是默认值
vbDefaultButton2	256	第 2 个按钮是默认值
vbDefaultButton3	512	第 3 个按钮是默认值
vbDefaultButton4	768	第 4 个按钮是默认值
vbApplicationModal	0	应用程序强制返回；应用程序一直被挂起，直到用户对消息框作出响应才继续工作
vbSystemModal	4096	系统强制返回；全部应用程序都被挂起，直到用户对消息框作出响应才继续工作

例如：

```
x=MsgBox("this is a msgbox!",1,"MsgBox Dexmo")
```

显示消息框如图 2.15 所示。

```
x=MsgBox("Demo ",," 工程 1")
```

显示消息框如图 2.16 所示。

图 2.15　消息框

图 2.16　消息框

按钮类型可以由表 2.11 中的各类值或符号常量组成,组成方法为:每一类选择一个值或符号常量,把它们加起来即可,一般只用前 3 类。例如:

```
x=MsgBox("demo ", 0＋16＋0," 工程 1")
```

显示消息框如图 2.17 所示。

```
x= MsgBox ("demo", vbYesNoCancel+ vbInformation +vbDefaultButton2,"工程1")
```

显示消息框如图 2.18 所示。

图 2.17　消息框

图 2.18　消息框

(4) MsgBox 函数的返回值是由用户在消息框中选择的按钮决定的。每个按钮对应的返回值如表 2.12 所示。

表 2.12　消息框的返回值

符号常量	返 回 值	描　　述
vbOK	1	选择"确定"按钮
vbCancel	2	选择"取消"按钮
vbAbort	3	选择"终止"按钮
vbRetry	4	选择"重试"按钮
vbIgnore	5	选择"忽略"按钮
vbYes	6	选择"是"按钮
vbNo	7	选择"否"按钮

【例 2.5】 用下面程序测试 MsgBox 函数的返回值。

```
Private Sub Form_Click()
    msg1 = "确定要删除吗？"
    msg2 = "注意"
    yn = MsgBox(msg1, 3 + 48 + 256, msg2)  '将消息框的返回值赋值给变量 yn
```

```
      Print yn
End Sub
```

程序运行时，单击窗体会显示消息框，如图 2.19 所示。当用户单击"否"按钮时，在窗体 Form1 上显示 MsgBox 函数的返回值为 7。

2. MsgBox 语句

格式：MsgBox 消息 [,按钮类型][,标题]

其功能与 MsgBox 函数类似，但 MsgBox 语句没有返回值，所以常用于简单信息的提示。其参数的含义与 MsgBox 函数相同。例如：

```
MsgBox "下载完毕"
```

显示消息框如图 2.20 所示。

图 2.19　消息框

图 2.20　消息框

2.5.4　打印输出

1. 直接打印输出

直接打印输出是使用 Print 方法把信息直接输出到打印机。

格式：Printer.Print [打印内容]

VB 还提供了一些控制打印的方法和属性。

1)　NewPage 方法

格式：Printer.NewPage

一般情况下，打印机打印完一页后会自动换页，可以使用 NewPage 方法强制换页。

2)　Page 属性

格式：Printer.Page

使用 Page 属性打印页号。在程序开始执行时，Page 属性值被设置为 1，打印完一页或强制换页后，Page 属性值自动加 1。

3)　EndDoc 方法

格式：Printer. EndDoc

使用 EndDoc 方法结束文件打印，将所有未打印的信息都送出去，这时会将 Page 属性值重置为 1。例如：

```
Private Sub Command1_Click()
    Printer.Print "打印机测试"
    Printer.Print "This is the first page!"
    Printer.EndDoc
End Sub
```

4)　KillDoc 方法

格式：Printer.KillDoc

使用 KillDoc 方法取消当前的打印作业。如果操作系统的打印管理器正在处理打印工作，则 KillDoc 方法将删除送入打印机的所有作业。

2. 窗体打印输出

窗体打印输出是先将信息输出到窗体上，然后再使用 PrintForm 方法把窗体上显示的内容打印出来。

格式：[窗体.]PrintForm

如果省略"窗体"，则打印当前窗体上的内容。例如：

```
Print "********"
PrintForm
```

PrintForm 方法是应用程序打印的最简便的方法。PrintForm 方法可以打印窗体上的全部内容，如果窗体上有图形，则需要将窗体的 AutoRedraw 属性设置为 True，才能将图形打印出来。打印结束后，PrintForm 方法会调用 EndDoc 方法清空打印机。

本章小结

本章介绍了 VB 程序设计基本语法规则和输入输出。常量的值不能改变，变量的值可以改变。不同数据类型占用的空间不同、处理方式也不同，所以需要使用恰当的数据类型表示数据。常量、变量、运算符和函数等组合即可构成表达式。Print 方法可以输出常量、变量和表达式的值，还可以与相关函数结合设置输出位置和格式。InputBox 函数用于数据的输入。MsgBox 函数和 MsgBox 语句可以产生消息框实现数据的输出。

习　　题

一、选择题

1. 以下选项中，不合法的 VB 变量名是_____。

    A. a5b　　　　　　B. _xyz　　　　　　C. a_b　　　　　　D. andif

2. 把圆周率的近似值 3.14159 存放在变量 pi 中，应该把变量 pi 定义为_____。

    A. Dim pi As Integer　　　　　　　　B. Dim pi(7) As Integer

    C. Dim pi As Single　　　　　　　　　D. Dim pi As Long

3. 执行语句 Dim X,Y As Integer 后，_____。

    A. X 和 Y 均被定义为整型变量

B．X 和 Y 均被定义为变体型变量

C．X 被定义为整型变量，Y 被定义为变体型变量

D．X 被定义为变体型变量，Y 被定义为整型变量

4．设窗体文件中有下面的事件过程：

```
Private Sub Command1_Click()
    Dim s
    a%=100
    Print a
End Sub
```

其中，变量 a 和 s 的数据类型分别是_____。

A．整型，整型		B．变体型，变体型	
C．整型，变体型		D．变体型，整型	

5．表达式 2＊3＾2－4＊2／2＋3＾2 的值是_____。

A．30   B．23   C．49   D．48

6．以下关系表达式中，其值为 True 的是_____。

A．"XYZ" > "XYz"   B．"VisualBasic" <> "visualbasic"

C．"the" = "there"   D．"Integer" < "Int"

7．设 a=2，b=3，c=4，d=5，则下面语句输出的是_____。

```
Print 3 > 2 * b Or a = c And b <> c Or c > d
```

A．False   B．1   C．True   D．−1

8．以下不能输出 Program 的语句是_____。

A．Print Mid("VBProgram"3,7)   B．Print Right("VBProgram",7)

C．Print Mid("VBProgram",3)   D．Print Left("VBProgram",7)

9．下面可以产生 20～30(含 20 和 30)的随机整数的表达式是_____。

A．Int(Rnd*10+20)   B．Int(Rnd*11+20)

C．Int(Rnd*20+30)   D．Int(Rnd*30+20)

10．如 Picture1 和 Text1 分别为图片框和文本框的名称，下列不正确的语句是_____。

A．Print 25   B．Picture1. Print 25

C．Text1. Print 25   D．Debug. Print 25

11．窗体上画一个命令按钮(名称为 Command1)，然后编写如下事件过程：

```
Private Sub Command1_Click()
    a=4
    b=5
    c=6
    Print a=b+c
End Sub
```

程序运行后，单击命令按钮，其结果为_____。

A.　a=11　　　　　B.　a=b+c　　　　C.　False　　　　D.　出错

12. 不正确的语句是＿＿＿＿。

A.　Print a=10+20　　　　　　　B.　Print "a=";10+20

C.　Print "a"="10+20"　　　　　D.　Print a=;10+20

13. 执行一个语句后弹出如图 2.21 所示的窗口，则这个语句是＿＿＿＿。

图 2.21　题 13 图

A.　InputBox("输入框","请输入 VB 数据")

B.　x = InputBox("输入框","请输入 VB 数据")

C.　InputBox("请输入 VB 数据","输入框")

D.　x = InputBox("请输入 VB 数据","输入框")

14. 窗体上画一个命令按钮，然后编写如下代码：

```
Private Sub Command1_Click()
    a=InputBox("请输入第一个数")
    b=InputBox("请输入第二个数")
    Print b+a
End Sub
```

程序运行后，单击命令按钮，在两个文本框中先后输入 12345 和 54321，程序的输出结果是＿＿＿＿。

A.　66666　　　　B.　5432112345　　　　C.　1234554321　　　　D.　出错

15. 窗体上画一个名称为 Command1 的命令按钮，单击命令按钮时执行如下事件过程：

```
Private Sub Command1_Click()
    a$ = "software and hardware"
    b$ = Right(a$, 8)
    c$ = Mid(a$, 1, 8)
    MsgBox a$, , b$, c$, 1
End Sub
```

则在弹出的消息框标题栏中显示的标题是＿＿＿＿。

A.　software and hardware　　　　B.　hardware

C.　software　　　　　　　　　　　D.　1

16. 窗体上有一个名称为 Command1 的命令按钮，其事件过程如下：

```
Private Sub Command1_Click()
    x="VisualBasicProgramming"
```

```
    a=Right(x,11)
    b=Mid(x,7,5)
    c=Msgbox(a, , b)
End Sub
```

运行程序后单击命令按钮，以下叙述中错误的是_____。

    A. 消息框的标题是 Basic   B. 消息框中的提示信息是 Programming

    C. c 的值是函数的返回值   D. MsgBox 的使用格式有错

17. 下列叙述中正确的是_____。

    A. MsgBox 语句的返回值是一个整数

    B. 执行 MsgBox 语句并出现消息框后，不用关闭消息框即可执行其他操作

    C. MsgBox 语句的第一个参数不能省略

    D. 如果省略 MsgBox 语句的第三个参数(Title)，则消息框的标题为空

18. 不能在消息框中输出 VB 的语句是_____。

    A. MsgBox "VB"   B. x=MsgBox ("VB")

    C. MsgBox ("VB")   D. Call MsgBox "VB"

二、填空题

1. 若变量 a 未事先定义而直接使用(如 a=0)，则变量 a 的类型是_____。

2. 在 VB 中，表达式 3 * 2 \ 5 Mod 3 的值是_____。

3. 设 a=4，b=5，c=6，执行语句 Print a < b And b < c 后，窗体上显示的是_____。

4. 语句 Print Sgn(-6 ^ 2) + Abs(-6 ^ 2) + Int(-6 ^ 2)的输出结果是_____。

5. 执行以下程序段后，变量 c$ 的值为_____。

```
a$="Visual Basic Programming"
b$="C++"
c$=UCase(Left$(a$,7)) & b$ & Right$(a$,12)
```

6. 设有如下程序，运行程序后，单击窗体，输出结果是_____。

```
Private Sub Form_Click()
    a=32548.56
    Print Format$(Int(a*10+0.5)/10,"000,000.00")
End Sub
```

7. 下列语句的输出结果是_____。

```
Print Format$(2.44949,"-#.####")
```

8. 下列语句的输出结果是_____。

```
Print Format$(2.44949,"00#.#00")
```

9. 执行下列语句：

```
strInpug=InputBox("请输入字符串","字符串对话框","字符串")
```

将显示输入对话框。如果此时直接单击"确定"按钮，则变量 strInpug 的内容是
_____。

10. 假定程序中有如下语句：

```
answer=MsgBox("第一个字符串",vbAbortRetryIgnore+vbCritical+
              vbDefaultButton3, "第二个字符串")
```

执行该语句后，将显示一个消息框，此时如果按 Enter 键，则 answer 的值为_____。

高级语言程序设计——Visual Basic

微信扫天下　课程掌中观

本章二维码

第3章 程序结构与算法

学习要点及目录

1. 了解算法的概念和常用的算法策略。
2. 理解算法的三种控制结构。
3. 掌握选择和循环结构的语句实现。
4. 熟练掌握几个常用算法的程序实现。

核心概念

算法　穷举法　递推法　递归法　选择结构　循环结构

 引导案例

算　法

在数学和计算机科学中，一个算法是关于如何解决一类问题的明确而详尽的描述。算法可以执行计算、数据处理和自动的推理任务。

——翻译自《维基百科》

案例导学

算法(Algorithm)一词源于 9 世纪的一位波斯数学家 Al-khwarizmi，在公元 820 年他写了一本有关代数的书，书中描述了一种新的算法系统，欧洲人就把 Al-khwarizmi 的拉丁文名字 Algorithm 称为算法。英语采用了法语术语，但直到 19 世纪底，"算法"才具有现代英语的意义。

算法(术)在中国古代文献中称为"术"，自唐代以来，历代更有许多专门论述"算法"的专著，最早出现在《九章算术》。《九章算术》是现存最早的中国古代数学著作之一，《算经十书》中最重要的一种，成于公元 1 世纪左右。《九章算术》将书中的所有数学问题分为九大类，故称"九章"。《九章算术》在中国和世界数学史上占有重要的地位，作为中国古代数学的系统总结，对中国传统数学的发展有深远的影响。

事实上，在日常生活中我们解决问题经常要用算法，只是通常不用"算法"这个词罢了。例如，乐谱是乐队指挥和演奏的算法，菜谱是厨师做菜的算法，洗衣机的使用说明书是操作洗衣机的算法，做四则运算要先乘除后加减，等等。

3.1　程序结构与算法

3.1.1　什么是算法

1. 算法的概念

算法是指对问题求解方法准确而完整的描述，是为解决一个特定问题所采取的确定的有限长的操作序列。

算法与程序不同，程序是算法的一种描述，同一个算法可以用不同的编程语言来编写，编写程序时要考虑计算机系统运行环境等细节问题，但设计算法可以摆脱这些束缚。

2. 算法的基本特征

(1) 有穷性：算法必须在合理的有限时间内，执行有限次数后结束。一个算法必须在有限的操作步骤内以及合理的时间内执行完成。对于一个算法，要求其在时间和空间上均是有穷的。除了步骤上的有穷性以外，往往还要求算法执行的时间应该合理。

(2) 确定性：算法中的每一个步骤都应当是确定的。而不应当是含糊的、模棱两可的，使算法的执行者或阅读者都能够明确其含义及如何执行，并且在任何条件下，算法都只有一条执行路径。

(3) 可行性：算法中描述的操作可以通过已经实现的基本运算有限次地执行来完成。序列中的每个操作都是可以简单完成的，其本身不存在算法问题。

(4) 输入与输出：输入值即为算法的操作对象，输出是一组与"输入"有确定关系的量值，是算法进行信息加工后得到的结果。

3.1.2　算法的控制结构

算法有两个基本要素：一是算法中对数据的运算和操作；二是算法的控制结构。算法的控制结构有三种，如图 3.1 所示。

图 3.1　算法的三种控制结构

(1) 顺序结构。顺序结构由语句序列组成，程序执行时按照语句的顺序，从上而下一条一条地顺序执行。

(2) 选择(分支)结构。选择结构又称为分支，选择语句根据条件的成立与否，执行多组语句其中的一组语句序列。分支结构分为单分支、双分支和多分支结构。

(3) 循环结构。循环结构会自动判断循环的条件，当条件成立时，重复执行其中的语句序列，当条件不成立时，结束循环。

3.1.3 算法的策略

1. 穷举法

穷举法又称"暴力破解法"。简单来说就是将密码进行逐个尝试直到找出真正的密码为止。比如，一个 6 位并且全部由数字组成其密码共有一百万种组合，也就是说最多尝试一百万次可以找到真正的密码。利用程序进行逐个尝试，破解任何一个密码也都只是一个时间问题。

当然，如果破译一个 8 位含大小写字母、数字以及符号的密码，可能的穷举次数有几千万亿次之多，普通的家用计算机会用掉几个月甚至更多的时间。在一些领域，为了提高密码的破译效率而专门为其制造的超级计算机也不在少数，IBM 为美国军方制造的"飓风"就是很有代表性的一个。在现今的网络时代，为了应对使用密码穷举法的网络攻击者，一般会采取严密的密码验证机制，比如，设置试误的可容许次数。当试误次数达到可容许次数时，密码验证系统会自动拒绝继续验证，甚至会自动启动入侵警报机制。

穷举法的运行机制是根据题目的条件确定答案的大致范围，并在此范围内对所有可能的情况逐一验证。若某个情况验证符合题目的条件，则为本问题的一个解；若全部情况验证后都不符合题目的全部条件，则本题无解。也就是说，能够使用穷举法的两个前提是：解的范围是可预期的，解的条件是可推算的。穷举法可以利用循环控制结构来实现。

【例 3.1】 利用穷举法求解水仙花数。

定义如下：若一个 n 位自然数的各位数字的 n 次方之和等于它本身，则称这个自然数为阿姆斯特朗数。三位数中的阿姆斯特朗数被称为"水仙花数"，四位数的阿姆斯特朗数被称为"四叶玫瑰数"。如：$153 = 1^3 + 5^3 + 3^3$，$8208 = 8^4 + 2^4 + 0 + 8^4$。

算法分析：

(1) 确定解的范围。水仙花数为符合条件的三位自然数 N，N 的范围为 1～999。

(2) 确定解的条件。假设 N 的百位数字为 i，十位数字为 j，个位数字为 k，则：

```
i=int(n/100)
j=int(n/10) mod 10
k=n mod 10
```

根据定义可知水仙花数的条件为：

```
n=i³+j³+k³
```

(3) 缩小搜索范围，用循环结构实现。为提高效率可以缩小 N 的范围为 100～999。"水仙花"数的算法实现流程图如图 3.2 所示。

图 3.2 "水仙花"数的算法实现流程图

2. 递推法

递推法是利用问题的递推关系求解的一种方法。设要求问题规模为 N 的解，当 N=1 时，解为已知或能非常方便地得到解。当得到问题规模为 N=1 的解后，问题规模为 2，3，…，N-1 的一系列解可通过递推关系求得，直至得到规模为 N 的解。

递推法的关键是，问题规模为 1 的解已知或可求解，问题规模为 i (i>=1)时具有相同的递推关系且可知。

【例 3.2】 递推法求自然数 1～N 的累加和。

假设 i 为任意一个自然数，且 $1 \leqslant i \leqslant N$，累加和为 S，S=1+2+3+4+…+N。

算法分析：

(1) 求出问题规模为 1 的解；当 i=1 时，S=1。

(2) 找出变化规律，写出递推公式。求累加和的递推关系如下：

当 i=1 时，S=1，S_1=1。

当 i=2 时，S=1+2，$S_2=S_1+2$。

当 i=3 时，S=1+2+3，$S_3=S_2+3$。

……

当 i=i 时，S=1+2+…+i，$S_i=S_{i-1}+i$。

得到求累加和递推公式：

$$S_i= S_{i-1}+i$$

(3) 确定递推次数，用循环结构实现。这里可以确定递推的次数为 N。递推求累加和的算法实现流程图如图 3.3 所示。

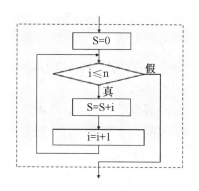

图 3.3 递推法求累加和的算法实现流程图

3. 递归法

在计算机科学中，递归法是指一个过程或函数在其定义中直接或间接调用自身的一种方法。它可以把复杂的问题转化为与原问题相似的规模较小的问题来求解。用递归算法解决某一类问题是十分有效的，它可以使算法的描述简洁而且易于理解。

　　借助递归算法，我们可以把一个相对复杂的问题转化为一个与原问题相似的、规模较小的问题来求解，递归算法只需少量的程序就可描述出解题过程所需要的多次重复计算，大大地减少了程序的代码量。

　　递归算法的优点：结构清晰，可读性强，而且容易用数学归纳法来证明算法的正确性，因此它为设计算法、调试程序带来很大方便。

　　递归算法的缺点：递归算法的运行效率较低，无论是耗费的计算时间还是占用的存储空间都比非递归算法要多。所以一般不提倡用递归算法设计程序。

　　为了更好地理解递归，让我们来了解生活中的一种视觉效果"德罗斯特效应"。德罗斯特效应的名称是源于荷兰第一大巧克力品牌德罗斯特(创立于 1863 年)生产的可可粉的包装盒图案，如图 3.4 所示。图中是一位护士拿着一个有杯子及纸盒的托盘，而杯子及纸盒上的图案和整张图片相同，从而产生一种特殊的视觉效果"德罗斯特效应"。这张图片从1904 年起开始使用，百年间只进行了一些小幅的调整。德罗斯特效应是递归的一种视觉形式，又例如，我们手持一面镜子站在另一面镜子前面，我们会从镜子中看到自己手持镜子的镜像，这也是递归的表现。

图 3.4　递归的视觉形式

　　汉诺塔是递归算法的经典问题。汉诺塔(又称河内塔)源于印度一个古老的传说，天神创造世界的时候做了三根金刚石柱子，在一根柱子上由小到大顺序摞着 64 片黄金圆盘。天神命令婆罗门把圆盘从下面开始按大小顺序重新摆放在另一根柱子上。并且规定，在小圆盘上不能放大圆盘，在三根柱子之间一次只能移动一个圆盘。每天只能搬一个圆盘，并预言当盘子全数搬运完毕之时，此塔将毁损，也就是世界末日来临之时。

　　【例3.3】　若将汉诺塔的 64 片圆盘全部移动完成，利用递归法求解共需移动多次？
　　这里不考虑程序实现的语言环境，给出汉诺塔的递归算法描述如下：

```
调用函数：
    Call TowerofHanoi(64)
函数定义：TowerofHanoi(n)
  If n = 1 Then
    Return 1
  Else
```

```
    Call TowerofHanoi(n - 1) * 2 + 1
  End If
```

汉诺塔递归算法分析如图 3.5 所示。

递归算法-汉诺塔

圆盘个数	移动次数
1	1
2	3
3	7 = 3 + 1 + 3
4	15=7 + 1 +7
...	...
n	F(n) = 2 * F(n-1) + 1

图 3.5　汉诺塔递归算法分析

需要注意的是，递归算法的两个过程：顺推和逆推，也就是递进和回归。

递进是指，调用函数语句 Call TowerofHanoi(64)，使得函数启动，并进行不断地自我调用，每次自调用就使得程序递进一层，就如同我们不断地看向镜子中的自己，视觉效果是逐层深入的。

回归是指，当程序逐层深入直到 n=1 时(If n=1 Then)，返回数值 1(Return 1)。此时函数按照由内向外的顺序，依次返回到上一层函数，直到返回第一层程序结束，就如同我们把目光从镜中收回，视觉效果是逐层返回的。

3.2　选择结构的语句实现

顺序结构是程序设计最基本的结构，但是在程序设计时往往需要进行一些判断，程序运行时根据判断结果选择执行哪些语句。例如，输入一个非零的数，判断其是正数还是负数，其结果只能是二者中的一个，这样的问题就不能用顺序结构来完成了，而要使用选择结构。选择结构又称为分支结构，这种结构能够根据条件执行不同的操作。VB 支持的选择控制结构包括 If 语句和 Select Case 语句。

3.2.1　简单分支的选择结构

1．If…Then 语句

格式：

```
If<条件>Then
<语句块>
End If
```

说明：

(1)　"条件"一般为关系表达式或逻辑表达式，"语句块"可以为一条或多条语句，

If 语句以 End If 结束。

(2) 语句执行过程：首先判断条件表达式的值，若为真，则执行 Then 后面的语句块；否则，跳过语句块，执行 End If 之后的语句。If 语句流程图如图 3.6 所示。

(3) 条件表达式也可以是算术表达式，按非零为真、零为假来处理。

(4) If 语句可以精简为单行 If 语句，如 If<条件>Then<语句>。

图 3.6　if 语句单分支流程图

单行 If 语句必须在一行内完成，Then 后面即使是多条语句也要写在一行，用冒号分隔，单行 If 语句不用 End If 结束。单行 If 语句形式具有更强的结构性与适应性，并且容易阅读、维护及调试。

【**例 3.4**】　输入 a、b 的值，如果 a 大于 b，则输出"a 大于 b"。

```
Private Sub Form_Click()
  Dim a! , b!
  a = InputBox("please input a:")
  b = InputBox("please input b:")
  If a > b Then
     Print "a 大于 b"
  End If
End Sub
```

将例 3.4 用单行 If 语句改写。

```
Private Sub Form_Click()
  Dim a!,b!
  a = InputBox("please input a:")
  b = InputBox("please input b:")
  If a > b Then  Print "a 大于 b"
End Sub
```

2．If...Then...Else 语句

格式：

```
If<条件>Then
    <语句块 1>
Else
    <语句块 2>
End If
```

说明：

(1) 语句执行过程：首先测试条件表达式的值，如果值为真，执行 Then 后面的语句块 1，执行完毕跳出 If 语句，继续执行 End If 下面的语句；如果值为假，则执行 Else 后面的语句块 2，执行完毕再执行 End If 下面的语句。流程图如图 3.7 所示。

(2) If...Then...Else 语句为双分支选择结构，语句

图 3.7　if 语句双分支流程图

块 1 和语句块 2 必定有一个被执行。

(3) If...Then...Else 语句也可以写为单行形式。

【例 3.5】 判断某年是否为闰年。

判断闰年的条件：年份能被 400 整除，或者年份能被 4 整除但不能被 100 整除。

算法分析：由条件可知有两种情况是闰年：一种情况是 year Mod 400 = 0(被 400 整除)，另一种情况是 year Mod 4=0 And year Mod 100 <> 0(被 4 整除但不被 100 整除)，只要满足其中一个条件就是闰年，所以这两个表达式之间应该用 Or 连接。

```
Private Sub Form_Click()
  Dim year As Integer
  year = InputBox("请输入一个年份：")
  If year Mod 400 = 0 Or year Mod 4 = 0 And year Mod 100 <> 0 Then
    Print year; "是闰年"
  Else
    Print year; "不是闰年"
  End If
End Sub
```

3. IIf 函数

格式：IIf(条件, 表达式 1, 表达式 2)

说明：

(1) 该函数在运算时，首先计算"条件"的值，如果"条件"的值为真，则该函数的返回值就是"表达式 1"的值；否则，函数的返回值是"表达式 2"的值。例如，Print IIf(3>5,1,-1)的结果为-1。

(2) 函数中的 3 个参数都不能省略。

(3) 可以将 IIf 函数看作是一种简单的 If ...Then ...Else 结构。例如：

```
MaxValue=IIf(x>y,x,y)
```

可以改写为单行 If 语句，二者的功能是一致的。

```
If x>y Then MaxValue=x Else MaxValue=y
```

3.2.2　多分支的选择结构

1. If...Then...ElseIf 语句

格式：

```
If<条件 1>Then
    <语句块 1>
ElseIf<条件 2>Then
    <语句块 2>
    ...
[Else
    语句块 n+1]
End If
```

说明：If...Then...ElseIf 语句用于实现多分支结构。

语句执行过程：依次判断条件 1、条件 2…，一旦遇到表达式的值为真，则执行该条件下的语句块。如果所有的表达式都不为真，则执行最后的 Else 下面的语句块 n+1；如果没有 Else 语句，则什么也不执行，执行 End If 后面的语句。流程图如图 3.8 所示。

图 3.8　If 语句多分支结构流程图

> **小贴士**
>
> 无论设定了多少个分支，If...Then...ElseIf 语句仅执行第一个条件为真的那一个分支，也就是说，是一个多选一的选择结构。

【例 3.6】　设计体重指数计算器。

编写一个计算体重指数的程序，程序运行界面如图 3.9 所示。根据 BMI 的参考标准，对计算结果进行分类。

$$体重指数 = 体重/身高的平方(kg/m^2)$$

根据世界卫生组织的标准，制定了适合中国的参考标准。

图 3.9　程序运行界面

偏瘦：体重指数<18.5

正常：体重指数=18.5～23.9

超重：体重指数≥24

> **小贴士**
>
> BMI 指数(即体重指数 Body Mass Index)是用体重千克数除以身高米数平方得出的数字，是目前国际上常用的衡量人体胖瘦程度以及是否健康的一个标准，主要用于统计，当我们需要比较及分析一个人的体重对于不同高度的人所带来的健康影响时，BMI 值是一个中立而可靠的指标。

程序代码：

```
Private Sub Command1_Click()
    Dim 体重指数 As Single
    体重指数 = Text1.Text / (Text2.Text * Text2.Text)
    If 体重指数 < 18.5 Then
        x = MsgBox("你的体重偏瘦!" + Chr(13) + "该补补了!", 0 + 64, "你太瘦了!")
    ElseIf 体重指数 < 24 Then
        x = MsgBox("你的体重正常!" + Chr(13) + "保持不错!", 0 + 64, "你太棒了!")
    Else
        x = MsgBox("你的体重超重!" + Chr(13) + "每天慢跑!", 0 + 48, "该减减了!")
    End If
End Sub
Private Sub Command2_Click()
    End
End Sub
```

If 语句执行过程中，按顺序判断条件并执行相应的分支。也就是说如果有多个条件都为真，只能执行第一个条件为真的分支。

【例 3.7】　输入一个分数，判断它应得的学分。90 分以上得 4 学分，80～89 分得 3 学分，70～79 分得 2 学分，60～69 分得 1 学分，60 分以下不得学分。

```
Private Sub Form_Click()
    Dim score!,grade!
    score = InputBox("请输入分数：")
    If score >= 90 Then
        grade = 4
    ElseIf score >= 80 Then
        grade = 3
    ElseIf score >= 70 Then
        grade = 2
    ElseIf score >= 60 Then
        grade = 1
    ElseIf score < 60 Then
        grade = 0
    End If
    Print "应得学分为：";grade
End Sub
```

运行程序时输入分数 80，程序第二个分支条件为真，执行语句 grade=3，此时不再继续判断其他条件，结束 IF 分支，执行 Print 语句显示出应得的学分。

If 语句执行过程中，一旦有一个分支被执行，便退出 If 语句，继续执行 End If 下面的语句，也就是说如果有多个条件都为真，只能执行第一个条件为真的分支。因此，利用 If 多分支语句筛选数据时，如果条件设计不当，就不能正确的实现筛选。

【例 3.8】　将例 3.7 的筛选条件重新设计。

```
Private Sub Form_Click()
    Dim score!,grade!
    score = InputBox("请输入分数：")
```

```
    If score < 60 Then
        grade = 0
    ElseIf score >= 60 Then
        grade =1
    ElseIf score >= 70 Then
        grade =2
    ElseIf score >= 80 Then
        grade = 3
    ElseIf score >= 90 Then
        grade = 4
    End If
    Print "应得学分为: ";grade
End Sub
```

运行程序时输入 80，会看到错误的结果"应得学分为：1"。其原因是进入了 score≥60 的分支，其他分支不再判断，直接退出 If 语句。

使用多分支 If 语句时，一定要注意思路清晰，要养成良好的程序书写风格，层次明确，便于阅读和修改程序。

2．If 语句的嵌套

如果一个 If 语句块中包含另一个 If 语句，则称为 If 语句的嵌套。

格式：

```
If<条件1>Then
    <语句块1>
Else
    If<条件2> Then
        <语句块2>
        ...
    Else
        <语句块3>
        ...
    End If
End If
```

说明：嵌套必须完全"包住"，不能互相交叉，即把一个 If…Then…Else 块放在另一个 If…Then…Else 块中。例如，将例 3.6 用 If 语句的嵌套改写为：

```
Private Sub Command1_Click()
    Dim 体重指数 As Single
    体重指数 = Text1.Text / (Text2.Text * Text2.Text)
    If 体重指数 < 18.5 Then
        x = MsgBox("你的体重偏瘦!" + Chr(13) + "该补补了!", 0 + 64, "你太瘦了!")
    Else
If 体重指数 < 24 Then
        x = MsgBox("你的体重正常!" + Chr(13) + "保持不错!", 0 + 64, "你太棒了!")
    Else
        x = MsgBox("你的体重超重!" + Chr(13) + "每天慢跑!", 0 + 48, "该减减了!")
    End If
```

```
        End If
End Sub
```

3.2.3 多分支的 Select Case 语句

要实现多分支的筛选，使用 If 语句嵌套并不是最理想的，VB 提供了 Select Case 语句可以更方便地完成多分支程序的设计。Select Case 语句也称为 Case 语句或情况语句，其功能是根据测试表达式的值，在几组 Case 子句中挑选出一组符合条件的语句块执行。

格式：

```
Select Case <测试表达式>
    Case  <值 1>
        <语句块 1>
    Case  <值 2>
        <语句块 2>
        …
    [Case Else
        <语句块 n+1>]
End Select
```

语句执行过程：先计算测试表达式的值，依次与 Case 子句中的值相比较，如果遇到相匹配的值，则执行该 Case 子句中的语句块，然后跳出 Select Case 语句，继续执行 End Select 下面的语句。

说明：

(1) 测试表达式可以是任何数值表达式或字符串表达式，也可以是日期或逻辑表达式。

(2) 值 1、值 2 是测试表达式可能取的值，与测试表达式的类型必须相同。每个 Case 分支可以列出多个值，可以是以下形式之一。

① 多个具体值，用逗号隔开，例如：

```
Case 1,2,3
```

② 使用关键字 To 表示值的范围，例如：

```
Case 1 To 10
```

③ 使用 Is 关系表达式，例如：

```
Case Is>=10           '表示测试表达式的值大于等于 10
Case Is <>""          '表示测试表达式的值不为空字符串
```

④ 也可以使用以上几种形式的组合，例如：

```
Case 1,3,Is>10        '表示测试表达式的值为 1、3 或大于 10
```

(3) Select Case 语句功能与 If 多分支语句功能类似，但是当程序中依赖某个单独的关键变量或表达式作判断条件时，Select Case 语句效率更高，并且使用 Select Case 结构可以提高程序的可读性。

(4) 如果测试表达式的值能与多个 Case 子句表达式的值相匹配，只执行第一个匹配的 Case 子句下面的语句块。

(5) Case Else 子句是可选的，表示没有匹配的值时则执行该子句中的语句块 n+1。通常加上 Case Else 语句来处理不可预见的测试表达式的值；如果测试表达式没有匹配值，而且也没有 Case Else 语句，则程序会跳到 End Select 之后的语句继续执行。

【例 3.9】 完整的体重指数计算器。

体重指数=体重/身高平方(kg/m²)

BMI 完整的参考标准：

偏瘦：体重指数<18.5

正常：体重指数=18.5～23.9

偏胖：体重指数=24～27.9

肥胖：体重指数≥28

重度肥胖：体重指数≥30

极度肥胖：体重指数≥40

```
Private Sub Command1_Click()
    Dim 体重指数 As Single
    体重指数 = Text1.Text / (Text2.Text * Text2.Text)
    Select Case 体重指数
        Case Is < 18.5
            x = MsgBox("你的体重偏瘦", 0 + 64, "身体是革命的本钱，该补补了！")
        Case Is < 24
            x = MsgBox("你的体重正常", 0 + 64, "身材保持得不错！")
        Case Is < 28
            x = MsgBox("你的体重偏胖", 0 + 48, "每天慢跑 30 分钟有助于减肥！")
        Case Is < 30
            x = MsgBox("你的体重肥胖", 0 + 48, "每天慢跑 30 分钟有助于减肥！")
        Case Is < 40
            x = MsgBox("重度肥胖", 0 + 48, "每天慢跑 30 分钟有助于减肥！")
        Case Else
            x = MsgBox("极度肥胖", 0 + 48, "每天慢跑 30 分钟有助于减肥！")
    End Select
End Sub
Private Sub Command2_Click()
    End
End Sub
```

使用 Select Case 语句也要确保值列表顺序的合理性，才能够正确筛选数据。如果将例 3.9 中的值列表按相反顺序编写，就不能合理地筛选数据了。

【例 3.10】 从键盘输入一个字符，若为大写则改为小写，若为小写则改为大写，若是其他特殊字符则直接显示。

```
Private Sub Form_Click()
    Dim str$
    str = InputBox("请输入一个字符")
```

```
     Select Case str
         Case "a" To "z"
          Print UCase(str)
         Case "A" To "Z"
           Print LCase(str)
         Case Else
                 Print str
     End Select
End Sub
```

该程序以字符串型变量作为测试表达式，判断其属于哪种情况，如果 1、2 分支都不符合，则执行 Case Else 分支的语句。应用 UCase()函数可将小写字母转换成大写字母，LCase()可将大写字母转换成小写字母。

另外，判断字母是大写还是小写，可以直接利用字符串的比较判断。若满足大于等于 A 且小于等于 Z，则为大写字母；若满足大于等于 a 且小于等于 z，则为小写字母。也可以通过其 ASCII 码的范围确定，如果 ASCII 码在 65～90 为大写字母，在 97～122 为小写字母，求 ASCII 码的函数为 Asc()。

3.3　循环结构的语句实现

循环控制结构是根据条件去重复执行某些语句，它是程序设计中一种重要的结构。使用循环控制结构可以减少程序中大量重复的语句，从而编写出更简洁的程序。

VB 提供了 3 种不同风格的循环语句。

(1)　计数循环(For…Next 语句)。

(2)　Do 循环(Do…Loop 语句)。

(3)　当循环(While…Wend 语句)。

其中，计数循环是按给定的次数执行循环体，而 Do 循环和当循环是在给定的条件满足时执行循环体。

3.3.1　计数循环语句 For

For…Next 语句构成的循环称为 For 循环，也称计数循环。

格式：

```
For <循环变量> = <初值> To <终值> [Step 步长]
    [循环体]
Next [循环变量]
```

说明：

(1)　"循环变量"也称"循环控制变量"或"计数器"，"初值""终值""步长"可以是数值型的常量、变量或表达式。For 和 Next 之间的循环体可以是一条或多条语句，Step 步长和 Next 后的循环变量都是可以省略的。Step 省略时，表示步长为+1。

(2) For 语句执行过程：先将循环的初值赋给循环变量，然后判断循环变量的值是否超过终值。如果超过终值，则退出循环，否则执行循环体。每一次执行循环体之后，循环变量的值会自动增加步长值，再将循环变量的新值与终值进行比较，重复上述过程。For 语句流程图如图 3.10 所示。

图 3.10　For 语句流程图

(3) 循环体中出现 Exit For 语句时，表示强制结束循环结构。通常 Exit For 语句要与 If 语句一起使用，构成结束循环的条件。

例如：

```
For i = 1 To 5
    Print i,
Next i
```

程序运行时，i 的初值为 1，终值为 5。由于初值小于终值，所以开始执行循环体 Print i 语句，输出 1，此时完成第一次循环，循环变量 i 自动增加步长 1，i 的值变为 2；下一次循环，由于 i 的值小于 5，执行循环体，输出 2，完成第二次循环，i 的值再增加 1；以此类推，直到 i 的值大于 5 时才终止循环，共循环 5 次，程序的运行结果是输出 1 2 3 4 5。

(4) 如果 For 语句中使用了关键字 Step，那么循环变量的增加值是 Step 后面定义为步长的值。例如，在以下的语句中，变量 i 每次增加的步长值为 2。

```
For i = 1 To 10 Step 2
    Print i
Next i
```

(5) VB 遵循"先检查，后执行"的原则，即先检查循环变量是否大于终值，然后决定是否执行循环体。当步长为正，初值大于终值时，或步长为负，初值小于终值时，循环体将不执行。例如：

```
For i=9 to 0
    Print i
Next i
```

该例中步长为 1，且初值大于终值，所以不执行循环体。欲使其运行，需要将循环语句的步长设置为负值。改写为：

```
For i=9 to 0 Step -1
    Print i
Next i
```

从此例中可以看出，如果初值大于终值，步长应为负数，循环才能正常执行。

【例 3.11】 求 1～100 的自然数列之和。

```
Private Sub Form_Click()
    Dim s As Integer, i As Integer
    s = 0
    For i = 1 To 100
        s = s + i
    Next i
    Print "s="; s
End Sub
```

程序中，i 为循环控制变量，s 用来存储累加和，每次循环将变化后的 i 值加到 s 上，使 s 的值不断增加，程序执行的具体过程如下。

```
程序开始时：    s=0
第1次循环：    i=1  s=0+1=1
第2次循环：    i=2  s=1+2=3
第3次循环：    i=3  s=3+3=6
...
第100次循环：i=100  s=4950+100=5050
```

【例 3.12】 输入任意 10 个数，统计其中正数和负数的个数。

```
Private Sub Form_Click()
    Dim num As Integer, i As Integer
    Dim k1 As Integer, k2 As Integer
    k1 = 0
    k2 = 0
    For i = 1 To 10
        num = InputBox("请输入一个非零的数：")
        Print num
        If num > 0 Then
            k1 = k1 + 1
        ElseIf num < 0 Then
            k2 = k2 + 1
        End If
    Next i
    Print "正数的个数为："; k1
    Print "负数的个数为："; k2
End Sub
```

程序中利用 k1、k2 分别作为统计正数、负数个数的变量。程序运行时，输入一个数，判断其正负性。如果大于 0，则变量 k1 加 1；如果小于 0，则变量 k2 加 1。

程序中 i 仅作为控制循环次数的变量，在循环体中并没有参与运算，而例 3.11(求和程序)中 i 不仅控制循环次数，同时也参与运算。程序运行结果如图 3.11 所示。

图 3.11　运行结果

【例 3.13】 将字符串 ABCDE 逆序输出。

```
Private Sub Form_Click()
    x= "ABCDE"
    k = Len(x)
    s = ""
    For i = k To 1 Step -1
        j = Mid(x, i, 1)
        s = s + j
    Next i
    Print s
End Sub
```

程序通过 Len 函数取得字符串的长度赋值给 k(值为 5)；利用 For 循环中的循环变量 i 依次取得字符串中逆序字母的相应位置，并通过 Mid 函数截取相应的逆序字符，其执行过程如下：

```
i=5  j=Mid(x,i,1)=Mid("ABCDE",5,1)="E"  s=s+j="E"
i=4  j=Mid(x,i,1)=Mid("ABCDE",4,1)="D"  s=s+j="E"+"D"="ED"
i=3  j=Mid(x,i,1)=Mid("ABCDE",3,1)="C"  s=s+j="ED"+"C"="EDC"
i=2  j=Mid(x,i,1)=Mid("ABCDE",2,1)="B"  s=s+j="EDC"+"B"="EDCB"
i=1  j=Mid(x,i,1)=Mid("ABCDE",1,1)="A"  s=s+j="EDCB"+"A"="EDCBA"
```

3.3.2　条件循环语句 Do

Do…Loop 语句构成的循环也称为 Do 循环，通过判断条件的值为真或假来控制循环的结束。Do 循环的循环次数是不确定的，对于事先不知道循环要执行多少次的情况来说，Do 循环十分方便。Do…Loop 语句有灵活的构造形式。

1. Do While…Loop 语句

格式：

```
Do While  <条件>
    [循环体]
Loop
```

说明：

(1) 执行过程：首先测试条件表达式的值，如果值为真，则执行循环体中的语句块，完成一次循环，然后返回到 Do While 语句再测试条件，一旦条件值为假，则跳出循环，执行 Loop 下面的语句。流程图如图 3.12 所示。

【**例 3.14**】　从键盘输入字符并统计字符个数，当输入字符为"？"时，停止计数。

算法设计：由于可以输入多个字符，无法确定具体的循环次数，这种情况适合使用 Do 循环语句设计循环，循环条件为：输入字符不为"？"。程序运行结果如图 3.13 所示。

图 3.12　Do While…Loop 语句流程图

图 3.13　运行结果

程序代码：

```
Private Sub Form_Click()
    Dim k As Integer
    Dim ch As String
    k = 0
    ch = InputBox("输入一个字符,以'?'结束输入")
    Do While ch <> "?"
        Print ch
        k = k + 1
        ch = InputBox("输入一个字符,以'?'结束输入")
    Loop
    Print "字符个数为:", k
End Sub
```

(2)　用 For...Next 循环编写的程序都可以用 Do 循环实现，关键是要设计好控制循环的条件。

【**例 3.15**】　用 Do 语句编写程序，求 1~100 自然数之和。

```
Private Sub Form_Click()
    Dim s As Integer, i As Integer
    s = 0
    i = 1
    Do While i <= 100
        s = s + i
        i = i + 1
    Loop
    Print "s="; s
End Sub
```

Do 循环没有自动变化的循环控制变量，所以一定要有能够改变循环条件表达式值的语句，否则循环永远不会结束，这种永不结束的循环被称为死循环。例如，例 3.15 中的

i=i+1，可以改变 i 的值，当 i 变化到大于 100 时，逻辑表达式 i ≤ 100 的值为假，循环就会结束。

(3) Exit Do 语句用于强制跳出循环，其功能与 Exit For 语句相似，恰当地使用 Exit Do 语句可以防止死循环。

(4) Do 语句的另一种形式是先执行循环体，在每次执行循环体后测试条件。

格式：

```
Do
    [循环体]
Loop While <条件>
```

这种形式可以保证循环体至少执行一次。流程图如图 3.14 所示。

2．Do Until…Loop 语句

格式：

```
Do Until <条件>
    [循环体]
Loop
```

说明：

(1) 执行过程：首先测试条件表达式的值，当值为假时，执行循环体，完成一次循环，然后返回到条件表达式再测试条件，直到条件表达式值为真时，循环才终止。流程图如图 3.15 所示。

图 3.14　Do…Loop While 语句流程图

(2) 另一种语句形式是把测试条件放在 Loop 语句中，这种形式可以保证循环至少执行一次。流程图如图 3.16 所示。

图 3.15　Do Until…Loop 语句流程图

图 3.16　Do…Loop Until 语句流程图

格式：

```
Do
    [循环体]
Loop Until <条件>
```

【例 3.16】　用 Do Until…Loop 语句改写例 3.14。

```
Private Sub Form_Click()
    Dim k As Integer
    Dim ch As String
    k = 0
    ch = InputBox("输入一个字符,以'?'结束输入")
    Do Until ch = "?"
        Print ch
        k = k + 1
        ch = InputBox("输入一个字符,以'?'结束输入")
    Loop
    Print "字符个数为:", k
End Sub
```

程序运行时，首先判断表达式 ch="?"的值，若为假则进入循环，执行循环体，直到条件值为真时退出循环，输出字符个数。

3.3.3 当循环语句 While

由 While…Wend 语句构成的循环称为当循环或 While 循环。

格式：

```
While <条件>
    [循环体]
Wend
```

While 循环也是通过测试条件的值来控制循环的结束。当值为真时，执行循环体，然后返回到 While 语句再测试条件，一旦条件为假，就跳出循环。其功能与 Do While…Loop 语句相同。流程图如图 3.17 所示。

图 3.17 While…Wend 语句流程图

【例 3.17】 用 While…Wend 语句改写例 3.14。

```
Private Sub Form_Click()
    Dim k As Integer
    Dim ch As String
    k = 0
    ch = InputBox("输入一个字符,以'?'结束输入")
    While ch <> "?"
        Print ch
        k = k + 1
        ch = InputBox("输入一个字符,以'?'结束输入")
    Wend
    Print "字符个数为:", k
End Sub
```

3.3.4 循环语句的多种形式

以求整数 1～10 的和为例，变量 s 用来存储和，变量 i 为循环控制变量，几种循环语句编写的代码如下。

(1) For…Next 语句

```
s = 0
For i = 1 To 10
    s = s + I
Next
Print s
```

(2) While…Wend 语句

```
s = 0
i = 1
While i <= 10
    s = s + i
    i = i + 1
Wend
Print s
```

(3) Do While…Loop 语句

```
s = 0
i = 1
Do While i <= 10
    s = s + i
    i = i + 1
Loop
Print s
```

(4) Do…Loop While 语句

```
s = 0
i = 1
Do
    s = s + i
    i = i + 1
Loop While i <= 10
Print s
```

(5) Do Until …Loop 语句

```
s = 0
i = 1
Do Until i > 10
    s = s + i
    i = i + 1
Loop
Print s
```

(6) Do…Loop Until 语句

```
s = 0
i = 1
Do
    s = s + i
    i = i + 1
Loop Until i > 10
Print s
```

以上 6 种语句均可计算出 1～10 的累加和，但语句格式不同，循环条件也不同，在使用循环语句时要根据实际情况选择恰当的语句。

3.4 穷举和递推问题求解

3.4.1 水仙花数求解

穷举法是根据题目的条件确定答案的大致范围，并在此范围内对所有可能的情况逐一验证。若某个情况验证符合题目的条件，则为本问题的一个解；若全部情况验证后都不符合题目的全部条件，则本题无解。

穷举法求解问题的关键是：首先确定解的范围，然后求得问题的解的条件。

【例 3.18】 求 1000 以内的"水仙花数"(注："水仙花数"是一个 3 位数，其每一位数的立方和等于该数本身，如 $153=1^3+5^3+3^3$)。

算法分析：

(1) 确定解的范围。水仙花数的范围为 1～999。

(2) 确定解的条件。 假设 N 的百位数字为 i，十位数字为 j，个位数字为 k，则：

百位 i：i=int(n/100)。

十位 j：j=int(n/10)−i*10。

个位 k：k=n Mod 10。

根据定义可知水仙花数的条件为：

$$n=i^3+j^3+k^3$$

程序代码：

```
Private Sub Form_Click()
    Dim i As Integer, j As Integer, k As Integer, n As Integer
    For n = 100 To 999
        i = Int(n / 100)
        j = Int(n / 10) - 10 * i
        k = n Mod 10
        If n = i ^ 3 + j ^ 3 + k ^ 3 Then Print n;
    Next
End Sub
```

程序运行结果如图 3.18 所示。

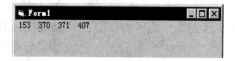

图 3.18　运行结果

3.4.2　素数问题求解

素数(prime number)又称质数。一个大于 1 的自然数，除了 1 和它自身外，不能被其他自然数整除的数叫作素数；否则称为合数。

由素数的定义可知，可以使用穷举法遍历的方法判断一个自然数是否为素数。

【例 3.19】　判断某个整数 m 是否为素数，素数是只能被 1 和自身整除的数。例如，7 是一个素数，它只能被 1 和 7 本身整除。

算法分析：

要判断 m 是否为素数的穷举算法是：在确定的范围内，如果能够找到一个 i，使得 m 能够被 i 整除，则 m 不是一个素数。如果在此范围内，找不到 i，则 m 是一个素数。

(1)　确定穷举的范围。根据素数的定义可知，i 应为 2～m-1 的整数(2≤i≤m-1)。

(2)　确定素数的条件。如果 m 能够被 i 整除，则 m 不是素数。可以表示为：

```
If m Mod i = 0 Then 或 If m / i = m \ i Then
```

程序代码：

```
Private Sub Form_Click()
    Dim i As Integer, m As Integer
    m = InputBox("请输入一个数")
    For i=2 to m - 1
```

```
        If m Mod i = 0 Then
            Exit For
        End If
    Next
    If i >= m Then
        Print m; "是素数"
    Else
        Print m; "不是素数"
    End If
End Sub
```

实际上经过证明，判断 m 是否为素数时，i 的穷举范围也可以是 $2\sim\dfrac{m}{2}$，或者 $2\sim$

$\sqrt{m}$。也就是说，$2{\leqslant}i{\leqslant}\dfrac{m}{2}$ 或 $2{\leqslant}i{\leqslant}\sqrt{m}$。

3.4.3 斐波拉契数列求解

递推法是利用问题的递推关系求解的一种方法。设要求问题规模为 N 的解，当 N=1 时，解为已知或能非常方便地得到解。当得到问题规模为 N=1 的解后，问题规模为 2，3，…，N-1 的一系列解可通过递推关系求得。直至得到规模为 N 的解。

【例 3.20】 用递推法求解斐波拉契数列，并输出数列的第 24 项。

小贴士

　　"斐波拉契数列"的发明者，是意大利数学家列昂纳多·斐波拉契。他在一本著作中描述一个有趣的问题：有一对兔子，从出生后第 3 个月起每个月都生一对兔子。小兔子长到第 3 个月又生一对兔子。假设所有兔子都不死，1 年、2 年后兔子总数会是多少？这个问题构成了一个有趣的"兔子数列"。

　　经过推算，我们能够得到这个"兔子"数列：1，1，2，3，5，8，13，21，……

"斐波拉契数列"前两项已知，而且之后各数据项都按照相同的递推关系求得，用递推法求解"斐波拉契数列"问题的算法分析：

(1) 求出问题规模为 1 的解：设 a 表示数列第 1 项，b 表示数列的第 2 项，则 a=1，b=1。

(2) 找出变化规律，写出递推公式。"斐波拉契数列"递推关系如下：

第 1 项，a=1。

第 2 项，b=1。

第 3 项，c=a+b, a=b, b=c(此时 c=2，a=1，b=2)。

第 4 项，c=a+b, a=b, b=c(此时 c=3，a=2，b=3)。

第 5 项，c=a+b, a=b, b=c(此时 c=5，a=3，b=5)。

……

第 24 项，c=a+b, a=b, b=c。

得到从第 3 项开始的递推公式：

c=a+b，a=b，b=c

(3)　确定递推次数，用循环结构实现。这里要求数列的前 24 项，而前两项已知，所以可以确定递推的次数为 22 次。

```
Private Sub Command2_Click()
a = 1
b = 1
For I = 3 To 24
    c = a + b
    a = b
    b = c
Next I
Print "两年后的兔子总数为: "; c
```

有趣的是，这样一个完全是由自然数组成的数列，前一项与后一项的比值越来越逼近黄金分割 0.618。斐波拉契数列在自然界中经常神奇地出现，一朵花的花瓣通常是斐波拉契数，向日葵的螺旋、菠萝表面的突起也都对应着某个斐波拉契数。

3.5　循环结构的嵌套

3.5.1　循环的嵌套

在循环语句的循环体中使用另一个循环语句称为循环的嵌套，也称为多重循环。For循环、Do 循环和 While 循环都可以互相嵌套，利用循环的嵌套可以实现更复杂的程序结构。两个 For 语句嵌套的形式如下。

```
For i=m1 To m2
    ...
    For j=n1 To n2
        <内循环体>          内循环    外循环
    Next j
    ...
Next i
```

例如：

```
For i = 1 To 3
    For j = 1 To 3
        Print i, j
    Next
Next
```

执行过程：

```
i=1      j=1       '输出 1, 1
         j=2       '输出 1, 2
         j=3       '输出 1, 3    (内层循环完毕，进行外层的下一次循环)
```

```
i=2      j=1        '输出 2, 1
         j=2        '输出 2, 2
i=3      j=1        '输出 3, 1
         j=2        '输出 3, 2
         j=3        '输出 3, 3
```

小贴士

不论何种嵌套，外循环都要完整地包含内循环，不允许交叉。程序代码需要有良好的注释和排版风格，否则嵌套的循环语句往往会引起一些程序理解上的混乱。

【例 3.21】 打印九九乘法表。

```
Private Sub Form_Click()
  For i = 1 To 9                    '被乘数
    For j = 1 To i                  '乘数
      Print Tab(4*j); i * j ;       '每个输出值间隔 4 位
    Next j
    Print                           'i 每循环一次换一行
Next i
End Sub
```

程序运行结果如图 3.19 所示。

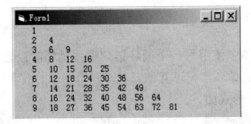

图 3.19　运行结果

3.5.2　其他控制语句

1．End 语句

End 语句用于结束一个过程，它可以放在任何事件及过程中。VB 中 End 语句形式如表 3.1 所示。

表 3.1　End 语句形式

语　句	描　述
End	可以放在过程中的任意位置。关闭代码的执行、关闭以 Open 语句打开的文件并清除变量
End Function	用于结束一个 Function 语句
End If	用于结束一个 If…Then…Else 语句块

续表

语　句	描　述
End Select	用于结束一个 Select Case 语句
End Sub	用于结束一个 Sub 语句
End Type	用于结束一个用户定义类型的定义(Type)语句

2．Exit 语句

Exit 语句用于强制跳出控制结构或过程。例如，一般情况下，For…Next 循环语句应该随着计数器变量增加到超过了循环的上界而结束，但有时候需要提前中止循环，可以通过 Exit For 语句实现。

【例 3.22】　找出所有平方小于 200 的正整数。

```
Private Sub Form_Click()
For s = 1 To 200
  If s ^ 2 >= 200 Then
     Exit For
  Else
     Print s
  End If
Next
End Sub
```

图 3.20　运行结果

由于不知道具体的循环次数，所以将循环变量 s 设置为一个较大的终值，而具体的循环结束条件在循环体中利用 If 语句判断，如果满足结束条件，则用 Exit For 语句强制退出循环。程序运行结果如图 3.20 所示。

其他 Exit 语句如表 3.2 所示。

表 3.2　Exit 语句形式

语　句	描　述
Exit For	强制跳出 For 循环，执行 Next 后面的语句
Exit Do	强制跳出 Do 循环，执行 Loop 后面的语句
Exit Sub	强制跳出 Sub 过程，即结束该过程
Exit Function	强制跳出 Function 过程，执行调用 Function 的语句之后的语句

3．Goto 语句

Goto 语句用于改变程序的执行顺序，可直接跳转到指定标号或行号所在的程序语句。

格式：GoTo [标号|行号]

说明：标号是一个以冒号为结尾的标识符，必须以英文字母开头；行号是一个整数，不以冒号结尾。例如：

```
abc:    '是一个标号
100     '是一个行号
```

Goto 语句只能限制在一个过程中跳转。Goto 语句可以随意跳转程序语句，也可以实现循环的功能。例如，下面的程序使用 Goto 实现了求 1～10 的和。

```
abc:                            '此处是一个标号
   n = n + 1
   s = s + n
   If n <= 10 Then GoTo abc      '如果 n≤10，则程序跳转到 abc 处向下执行
   Print s
```

Goto 语句提高了程序的灵活性，但是需要限制使用，如果使用不恰当会造成程序的混乱。

3.5.3　百钱百鸡问题求解

距今 1500 年前北魏(386～557)，中国古代数学家张邱建在他的《算经》中提出了著名的"百钱买百鸡问题"。《算经》是中国古代数学史上的杰作，它的体例为问答式，条理精密，文辞古雅，它是世界数学资料库中的一份宝贵遗产。

张邱建描述的问题为，"鸡翁一，值钱五，鸡母一，值钱三，鸡雏三，值钱一，百钱买百鸡，问翁、母、雏各几何？"

"百钱买百鸡"问题的求解是典型的不定方程求解问题，所谓不定方程，是指未知数的个数多于方程个数，且未知数受到某些限制(如要求是有理数、整数或正整数等)的方程或方程组。中国是研究不定方程最早的国家，张邱建在《算经》中给出了解决百鸡问题的详细描述，标志着中国对不定方程理论早在公元 5 世纪就已经有了系统研究。

由于问题的解的条件已知，而且解的范围可以大致确定，使用穷举法是解决这一问题的最好选择。

【例 3.23】求解百钱百鸡问题。

算法设计：此题宜采用"穷举法"求解，即对所有可能解，逐个进行试验。若满足条件，就得到一组解；否则继续测试，直到循环结束为止。

求解过程如下：

① 假设公鸡、母鸡、小鸡数量分别为 A、B、C。

② 则解的条件为：

$$A+B+C=100$$

$$A*5+B*3+C/3=100$$

③ 确定解的范围：

A：1～20

B：1～33

C：1～100

编写代码如下：

```
For a=1 to 20
   For b=1 to 33
```

```
    For c=1 to 100
        if a+b+c=100 and a*5+b*3+c/3=100 then
            Print a,b,c
        end if
Next c,b,a
```

程序运行结果如图 3.21 所示，共有 3 组满足条件的值。

图 3.21　运行结果

3.5.4　矩阵问题求解

数据的阵列是程序设计中的一个比较经典的问题，如在例 3.21 中，打印的九九乘法表就是一个使用双重循环输出的一个数的三角形阵列。下面我们通过实例介绍不同形式的数据矩阵的输出方法，分析此类程序的一般程序结构。

【例 3.24】　利用双重循环输出矩形(共 6 行，每行 8 个星号)。

程序代码如下：

```
Private Sub Form_Click()
    Cls
    For i = 1 To 6                      '按行循环
        Print Tab(20);                  '确定每行首字符的位置
        For j = 1 To 8                  '每行连续打印的字符数
            Print "*";                  '此处的分号表示不换行
        Next j
        Print                           '此处 Print 语句表示换行
    Next i
End Sub
```

程序运行结果如图 3.22 所示。

图 3.22　运行结果

> **小贴士**
>
> 用双重循环输出矩阵时，外循环的次数控制输出图形的行数，内循环次数控制输出图形每行上的星号个数。还要注意的是，程序中的几处 Print 语句，用来分别控制图形的位置和输出图形是否换行(注意分号的用法)。

【例 3.25】 利用双重循环输出如图 3.23 所示的二维数列。

```
Form1                          _ □ ×
                    0 0 0 0 0 0
                    1 0 0 0 0 0
                    1 1 0 0 0 0
                    1 1 1 0 0 0
                    1 1 1 1 0 0
                    1 1 1 1 1 0
```

图 3.23　输出二维数列

参考例 3.24 的程序代码，可以完成类似形式的数列输出，此时，外循环的控制变量 i 可以看成是输出数列的行号，内循环的控制变量 j 可以看成是输出数列的列号。

程序代码如下：

```
Private Sub Form_Click()
    For i = 1 To 6
        Print Tab(20);
        For j = 1 To 6
            If i > j Then Print 1; Else Print 0;
        Next j
        Print
    Next i
End Sub
```

> **小贴士**
>
> 此例中的 if 语句功能是，当数列行号 i 大于列号 j 时，输出 1，否则输出 0。如果修改 if 语句的条件为 if i<j Then，输出的数列会发生什么变化呢？

【例 3.26】 利用双重循环输出直角三角形，如图 3.24 所示。

图 3.24　输出直角三角形

程序代码如下：

```
Private Sub Form_Click()
    For i = 1 To 9
        Print Tab(20);
        For j = 1 To i
            Print "*";
        Next j
        Print
    Next i
End Sub
```

分析例 3.26 的程序结构，如果修改其中的内循环次数，则可以输出不同形式的三角形。当内循环为 For j = 1 To i 时，表示输出图形的每行的星号个数与行号相同。

【例 3.27】 利用双重循环输出等腰三角形，如图 3.25 所示。

程序代码如下：

图 3.25　输出等腰三角形

```
Private Sub Command1_Click()
    For I = 1 To 6
        Print Spc(10 - I);
        For j = 1 To 2 * I - 1
            Print "*";
        Next j
        Print
    Next I
End Sub
```

本章小结

本章介绍了程序设计的控制结构。在 VB 中有 3 种控制结构：顺序结构、选择结构和循环结构。介绍了单分支和多分支结构的语句实现，If 语句和 Select Case 语句的语法格式和使用方法。详细介绍了循环语句实现，For 循环和 Do 循环语句的语法，以及 Do 循环的几种不同形式。结合算法的策略，分别给出了穷举法及递推法的程序实例，通过对经典问题的求解过程，更好地理解程序和算法，体会思维的乐趣。

习　　题

一、选择题

1. 在窗体上画一个名称为 Command1 的命令按钮，然后编写如下事件过程。

```
Private Sub Command1_Click()
    x = -5
```

```
    If Sgn(x) Then
        y = Sgn(x ^ 2)
    Else
        y = Sgn(x)
    End If
    Print y
End Sub
```

程序运行后，单击命令按钮，窗体上显示的是_____。

    A. -5   B. 25   C. 1   D. -1

2. 在窗体上画一个命令按钮和一个文本框，名称分别为 Command1 和 Text1，然后编写如下程序。

```
Private Sub Command1_Click()
    a=InputBox("请输入日期(1～31)")
    t="旅游景点: " & IIf(a>0 And a<= 10,"长城","") & IIf(a>10 And a<=
20,"故宫","") & IIf(a>20 And a<=31,"颐和园","")
    Text1.Text = t
End Sub
```

程序运行后，如果从键盘上输入 16，则在文本框显示的内容是_____。

    A. 旅游景点: 长城故宫   B. 旅游景点: 长城颐和园

    C. 旅游景点: 颐和园   D. 旅游景点: 故宫

3. 设窗体上有一个名为 Text1 的文本框和一个名为 Command1 的命令按钮，并有以下事件过程。

```
Private Sub Command 1_Click()
  x!=Val(Text1.Text)
  Select Case  x
    Case Is <-10,Is>=20
      Print "输入错误"
    Case Is<0
      Print 20-x
    Case Is <10
      Print 20
    Case Is<=20
      Print x +10
  End Select
End Sub
```

程序运行时，如果在文本框中输入-5，则单击命令按钮后的输出结果是_____。

    A. 5   B. 20   C. 25   D. 输入错误

4. 设有如下程序:

```
Private Sub Command1_Click()
   x=10 : y=0
For i=1 To 5
    Do
       x=x-2
       y=y+2
    Loop Until y>5 Or x<-1
  Next
End Sub
```

运行程序，其中 Do 循环执行的次数是_____。

    A. 15   B. 10   C. 7   D. 3

5. 下面程序计算并输出的是_____。

```
Private Sub Command1_Click()
  a=10
  s=0
  Do
    s=s+a*a*a
    a=a-1
  Loop Until a<=0
  Print s
End Sub
```

    A. $1^3+2^3+3^3+\cdots+10^3$ 的值   B. $10!+\cdots+3!+2!+1!$的值

    C. $(1+2+3+\cdots+10)^3$ 的值   D. 10 个 10^3 的和

6. 下面程序执行结果是_____。

```
Private Sub Command 1_Click()
    a=10
    For k=1 To 5 Step-1
      A=a-k
    Next k
    Print a ; k
End Sub
```

    A. −5 6   B. −5 −5   C. 10 0   D. 10 1

7. 在窗体上画一个命令按钮，其名称为 Command1，然后编写如下事件过程。

```
Private Sub Command1_Click()
    Dim a$, b$, c$, k%
    a = "ABCD"
    b = "123456"
    c = ""
    k = 1
    Do While k <= Len(a) Or k <= Len(b)
      If k <= Len(a) Then
          c = c & Mid(a, k, 1)
      End If
      If k <= Len(b) Then
          c = c & Mid(b, k, 1)
      End If
      k = k + 1
    Loop
    Print c
End Sub
```

运行程序，单击命令按钮，输出结果是_____。

    A. 123456ABCD   B. ABCD123456

    C. D6C5B4A321   D. AlB2C3D456

8. 计算圆周率 PI 的近似值的一个公式是 PI=(1−1/3+1/5−1/7+1/9⋯)*4。某人编写下面的程序，用此公式计算并输出 PI 的近似值。

```
Private Sub Command1_Click()
  PI = 1
  Sign = 1
  n = 20000
  For k = 3 To n
     Sign = -Sign
     PI = PI + Sign / k
  Next k
  Print PI * 4
End Sub
```

运行后发现结果为 3.22751，显然，程序需要修改。下面修改方案中正确的是

_____。

    A. 把 For k=3 To n 改为 For k=1 To n

    B. 把 n=20000 改为 n=20000000

    C. 把 For k=3 To n 改为 For k=3 To n Step 2

    D. 把 PI=1 改为 PI=0

二、填空题

1. 以下程序段的输出结果是_____。

```
x = 1
y = 4
Do Until y > 4
  x = x * y
  y = y + 1
Loop
Print x
```

2. 有如下程序：

```
Private Sub Form_Click()
   n = 10
   i = 0
   Do
      i = i + n
      n = n - 2
   Loop While n > 2
   Print i
End Sub
```

程序运行后，单击窗体，输出结果为_____。

随身课堂

高级语言程序设计——Visual Basic

微信扫天下　课程掌中观

本章二维码

第4章 常用标准控件

学习要点及目录

1. 掌握常用标准控件的基本属性、事件和方法。
2. 掌握通过标准控件进行程序设计的方法。
3. 掌握图形控件的使用方法。
4. 了解 VB 坐标系统。
5. 了解 VB 颜色表示。

核心概念

单选按钮 复选框 框架 滚动条 列表框 组合框 计时器 图片框和图像框控件 图形控件

4.1 选择控件和滚动条

引导案例1

利用单选按钮和复选框修改文本框的文字格式。

程序运行时，在文本框中输入文本，在单选按钮和复选框中进行选择，改变滚动条滑块位置时，标签中显示字号的大小，最后单击"确定"按钮，文本框中的文字就会按照所选格式发生变化，程序运行界面如图 4.1 所示。

图 4.1 程序运行界面

案例导学 **1**

在这个程序中，字体和颜色都是唯一的，所以适合使用单选按钮，但是这 6 个单选按钮如果不分组直接添加到窗体上，只能选择其中一个，所以需要将其分成两组，这就是框架的作用。字形中的几项设置之间是没有关系的，所以可以使用复选框。

程序要求所有内容选择完毕后单击"确定"按钮，文本框才发生变化，所以程序代码应该编写在"确定"按钮的单击事件中，当单击事件发生时，通过判断单选按钮、复选框以及滚动条的状态来决定文本框文字格式的变化。滚动条发生变化时，标签显示的字号应该跟随变化，这需要在滚动条的相应事件中编写代码。

这些内容就是我们这部分要学习的知识。程序演示及编写过程，请扫描本章二维码(位置：本章最后一页处)获取资源。

4.1.1 单选按钮

单选按钮(Option Button)主要用来表示一系列的互斥选项，这些互斥选项常常被分成若干个组，每组仅允许用户选择一项。当某一项被选定后，其左边的 ◌ 就变成 ◉。

1. 常用属性

(1) Caption 属性。该属性值为字符串型，用来设置单选按钮的标题。

(2) Value 属性。该属性值为逻辑型，用来设置或返回单选按钮的状态。默认值为 False。

True：被选定。

False(默认值)：未被选定。

(3) Style 属性。该属性值为整型，用来设置单选按钮的显示方式。

0—Standard(默认值)：标准方式。

1—Graphical：图形方式。

当该属性值为 0—Standard 时，可以显示控件按钮和标题；当该属性值为 1—Graphical 时，单选按钮外观与命令按钮类似。Style 属性只能在属性窗口中进行设置。

(4) Alignment 属性。该属性值为整型，用来设置单选按钮标题的对齐方式。

0—Left Justify(默认值)：控件按钮在左边，标题显示在右边。

1—Right Justify：控件按钮在右边，标题显示在左边。

2. 常用事件

单选按钮的常用事件是 Click 事件。

【例 4.1】 设计利用单选按钮和复选框修改文本框中文字格式的程序。

项目说明：程序运行后界面如图 4.2 所示。窗体上有 1 个文本框，3 个单选按钮用来表示 3 种不同字体，3 个复选框用来表示可复选的 3 种字形。程序运行后，在文本框中输入文本，设置字体和字形后，单击"确定"命令按钮，文本框中显示文本的字体和字形会发生相应的变化。

项目分析：首先，在设计窗体界面时，要对单选按钮和复选框的标题(Caption 属性)进行设置，如"宋体""下画线"等，如图 4.3 所示。运行程序后，用户选择相应的字体和字形，单击命令按钮时要判断单选按钮和复选框的选定状态(Value 属性)。最后，在事件过程中根据选定状态(Value 属性的值)设置文本框 Font 属性的值，以改变文本框中显示义本的字体和字形。

图 4.2　程序运行界面

图 4.3　程序设计界面

判断选定状态和设置文本字体的程序代码应该放在命令按钮的 Click 事件中。Value 属性值用来判断单选按钮和复选框的选定状态，它是决定程序运行的关键。需要注意的是，单选按钮的 Value 属性值为逻辑值(True 表示单选按钮被选定)，复选框的 Value 属性值为数值(1 表示复选框被选定)。

项目设计：

(1) 界面设计。新建一个标准 EXE 工程，在窗体中添加 3 个单选按钮、3 个复选框、1 个文本框和 1 个命令按钮，界面设计如图 4.3 所示。

(2) 设置属性。在属性窗口中将文本框 Text1 的 Text 属性设置为"请改变字体和字形"，命令按钮的 Caption 属性设置为"确定"。单选按钮和复选框的属性设置如表 4.1 所示。

表 4.1　属性设置

控件名称	标题(Caption)属性	控件名称	标题(Caption)属性
Option1	宋体	Check1	下画线
Option2	黑体	Check2	斜体
Option3	楷体	Check3	粗体

(3) 编写代码。编写命令按钮的 Click 事件，程序要根据 Value 属性值的不同，进行简单的分支选择，程序代码如下。

```
Private Sub Command1_Click()
    If Option1.Value = True Then Text1.FontName = "宋体"
    If Option2.Value = True Then Text1.FontName = "黑体"
    If Option3.Value = True Then Text1.FontName = "楷体_GB2312"
    If Check1.Value = 1 Then
```

```
            Text1.FontUnderline = True
      Else
            Text1.FontUnderline = False
      End If
      If Check2.Value = 1 Then
            Text1.FontItalic = True
      Else
            Text1.FontItalic = False
      End If
      If Check3.Value = 1 Then
            Text1.FontBold = True
      Else
            Text1.FontBold = False
      End If
End Sub
```

小贴士

(1) 单选按钮和复选框的 Value 属性的数据类型不同。

(2) 由于单选按钮的 Value 属性值为逻辑值，且为单选按钮的默认属性，所以程序中如下式的条件语句：

```
If Option1.Value = True Then Text1.FontName = "宋体"
```

均可以简写为：

```
If Option1.Value Then Text1.FontName = "宋体"
```

或

```
If Option1 Then Text1.FontName = "宋体"
```

(3) 由于复选框的 Value 属性为默认属性，且非零数值将自动转换为逻辑真，0 转换为逻辑假，所以程序中如下式的条件语句：

```
If Check1.Value = 1 Then
```

均可以简写为：

```
If Check1.Value Then
```

或

```
If Check1 Then
```

(4) 本程序也可以利用单选按钮和复选框的 Click 事件实现。

4.1.2　复选框

复选框(CheckBox)与单选按钮类似，不同之处是复选框代表多重选择。在列出可供用户选择的多个选项中，用户根据需要可选择一项或多项。当某一项被选中后，其左边的☐

就变成☑。

1．常用属性

(1) Caption 属性。该属性值为字符串型，用来设置复选框的标题。

(2) Value 属性。该属性值为整型，用来设置或返回复选框的状态。

0—Unchecked(默认值)：未选定。

1—Checked：选定。

2—Grayed：禁止用户选择，此时复选框呈灰色。

(3) Style 属性。该属性值为整型，用来设置复选框的显示方式。Style 属性只能在属性窗口中设置。

0—Standard(默认值)：标准方式。

1—Graphical：图形方式。

(4) Alignment 属性。该属性值为整型，用来设置复选框标题的对齐方式。

0—Left Justify(默认值)：控件按钮在左边，标题显示在右边。

1—Right Justify：控件按钮在右边，标题显示在左边。

2．常用事件

复选框常用事件是 Click 事件。

4.1.3 框架

框架(Frame)是一个容器控件，用于将其他的控件对象分组。因为在若干个单选按钮中只可以选择一个，但是有时有多组选项，希望在每组选项中各选一项。这时就需要用框架将单选按钮分成几组，每组作为一个单元分别进行选择。将不同的控件对象放在一个框架中时，不仅实现了视觉上的区分，而且框架内的所有控件可以随框架一起移动、显示、消失和禁用。

1．常用属性

(1) Caption 属性。该属性值为字符串型，用来设置框架的标题。框架的标题位于框架的左上角。如果 Caption 属性值为空字符串，则框架为封闭的矩形框。

(2) Enabled 属性。该属性值为逻辑型，用来设置框架是否有效，即框架内的所有控件是否有效。

True(默认值)：有效。

False：无效。

该属性只能在程序中用代码进行设置。当该属性设置为 False 时，框架的标题为灰色，框架内的所有对象均被屏蔽，不允许用户对其进行操作。

(3) Visible 属性。该属性值为逻辑型，用来设置框架是否可见。

True(默认值)：可见。

False：隐藏。

该属性只能在程序中用代码进行设置，当该属性设置为 False 时，框架及其框架内的所有控件将被隐藏起来。

2．常用事件

框架可以响应 Click、DblClick 等事件。但是，在应用程序中一般不需要编写有关框架的事件过程。

【例 4.2】 设计利用框架为单选按钮分组，并实现修改文本框中字体和字号的程序。

项目说明：程序运行后的界面如图 4.4 所示。要想实现分别设置文本的字体和字号，就要用框架(Frame)将 4 个单选按钮分为两组。每组单选按钮通过框架的标题(Caption)加以标识，如"字体""字号"等。程序运行后，在字体框架中选择相应字体，在字号框架中选择相应的字号，然后单击"确定"按钮。文本框中显示文本的字体和字号将做相应的改变。

图 4.4　程序运行界面

项目分析：设计程序时，只需根据每组单选按钮的 Value 属性值选择不同的程序分支，设置文本框相应的 Font 属性，就可以改变文本框中显示文本的字体和字号。程序代码应放在命令按钮的 Click 事件中。

项目设计：

(1) 创建界面。新建一个标准 EXE 工程，在窗体中添加 1 个文本框、1 个命令按钮、2 个框架，并分别在每个框架中添加 2 个单选按钮。

> **小贴士**
>
> 在框架中添加控件的方法有两种。
>
> ① 先创建框架，然后在框架内添加需要分组的控件。在添加控件时只能采用单击工具箱上的工具，然后在框架内拖动鼠标绘制控件的方式，这样才能保证框架内的控件成为一个整体，和框架一起移动。
>
> ② 将框架外的控件放到框架内。如果将外部控件直接拖放到框架内，则该控件不会真正成为框架的一部分。正确的做法是：先选定这些外部控件，将它们剪切，然后单击选定框架并粘贴。粘贴成功后，拖动框架会使其中的控件与其一起移动。

(2) 设置属性。各控件的属性设置如表 4.2 所示。

表 4.2　属性设置

对　象	名称(Name)属性设置	标题(Caption)属性设置
Text1	txtVB	空
Command1	cmdOk	确定
Frame1	Frame1	字体

续表

对　象	名称(Name)属性设置	标题(Caption)属性设置
Frame2	Frame2	字号
Option1	optHeiTi	黑体
Option2	optLiShu	隶书
Option3	opt8	8 号
Option4	opt12	12 号

(3) 编写代码。各事件过程代码如下。

```
Private Sub Form_Load()
    txtVB.Text = "请选择字体和字号"
End Sub
Private Sub cmdOk_Click()
    If optHeiTi.Value = True Then
        txtVB.FontName = "黑体"
    Else
        txtVB.FontName = "隶书"
    End If
    If opt8.Value = True Then
        txtVB.FontSize = 8
    Else
        txtVB.FontSize = 12
    End If
End Sub
```

4.1.4　滚动条

滚动条(ScrollBar)通常在窗体上用来协助观察数据或确定位置，也可以作为数据输入的工具。例如利用滚动条控制字号的变化、控制文本框的大小、控制颜色滑块返回颜色值等。

VB 提供的滚动条有水平滚动条(HScrollBar)和垂直滚动条(VScrollBar)两种。

1. 常用属性

滚动条的常用属性如图 4.5 所示。

(1) Max 属性和 Min 属性。Max 属性值为整型，用来设置当滑块处于滚动条最大位置时所代表的值，取值范围限定在-32 768～32 767，默认值为 32 767。Min 属性值为整型，用来设置当滑块处于滚动条最小位置时所代表的值，取

图 4.5　滚动条的属性

值范围限定在−32 768～32 767，默认值为 0。最小值与最大值之间的数值变化就是滚动条值的变化范围。

(2) SmallChange(小变动值)属性和 LargeChange(大变动值)属性。SmallChange 属性值为整型，用来设置用户单击滚动条两端箭头 ▲ ▼ 或 ◀ ▶ 时，滑块移动的距离，即 Value 属性增加或减少的量，其默认值为 1。LargeChange 属性值为整型，用来设置用户单击滚动条空白处时，滑块移动的距离，即 Value 属性增加或减小的量，其默认值为 1。

(3) Value 属性。该属性值为整型，用来设置或返回滑块在滚动条上的位置，而滑块所处的位置就代表了滚动条的当前值。它的取值只能介于 Max 和 Min 属性值之间，当滑块在滚动条中移动时，Value 属性值随之改变。

2．常用事件

与滚动条有关的重要事件有 Scroll 和 Change。其中，当用鼠标拖动滑块时会连续触发 Scroll 事件，直到松开鼠标时停止。而当 Value 属性值每改变一次时(拖动滑块到目标位置后松开时，或单击一次两端箭头 ▲ ▼ 或 ◀ ▶ 改变滚动条内滑块的位置时)，会触发一次 Change 事件。

如果将实例代码中滚动条的 Change 事件改为 Scroll 事件，观察两个程序运行的过程，可以更好地理解这两个事件不同的触发条件。

【例 4.3】 设计利用滚动条控制命令按钮大小的程序。

项目说明：程序运行时，窗体上有 1 个命令按钮、1 个水平滚动条和 1 个垂直滚动条。命令按钮的大小如图 4.6 所示，当程序运行时，滑块分别停在水平和垂直滚动条的右端和下端(即最大值处)。当用鼠标拖动水平滚动条中的滑块时(即 Value 属性发生变化时)，命令按钮的宽度会发生改变；当用鼠标拖动垂直滚动条的滑块时，命令按钮的高度会发生改变，如图 4.7 所示。其中命令按钮宽度和高度的变化范围均为：最小值为 200，最大值为其初始宽度和高度。

图 4.6　程序设计界面

图 4.7　程序运行界面

项目设计：

(1) 创建界面。新建一个标准 EXE 工程，在窗体中添加 1 个命令按钮，手动调整其高度和宽度到适当大小，添加 1 个水平滚动条和 1 个垂直滚动条，分别调整其宽度和高度以适应命令按钮的大小，并将它们分别摆放在命令按钮的下方和右侧。界面设计效果如图 4.6 所示。

(2) 设置属性。利用滚动进行程序设计，首先就要设置滚动条的相关属性，完成滚动条的初始化。属性的设置既可以在属性窗口中进行，也可以在程序代码中进行。此例是用程序代码方式进行设置的。需要说明的是，这些属性的设置语句通常应放在窗体的初始事件中，如窗体的 Load 事件。

本例中利用滑块的位置，来改变命令按钮的大小。这两条语句要分别放在水平和垂直滚动条的 Change 事件中。

```
Command1.Width = HScroll1.Value
Command1.Height = VScroll1.Value
```

(3) 编写代码。各事件过程代码如下。

```
Private Sub Form_Load()
    HScroll1.Max = Command1.Width    '将水平滚动条最大值设置为按钮的初始宽度
    HScroll1.Min = 200               '将水平滚动条最小值设置为200
    HScroll1.Value = HScroll1.Max    '将水平滚动条滑块放到最右侧
    HScroll1.LargeChange = 20
    HScroll1.SmallChange = 5
    VScroll1.Max = Command1.Height   '将垂直滚动条最大值设置为按钮的初始高度
    VScroll1.Min = 200               '将垂直滚动条最小值设置为200
    VScroll1.Value = VScroll1.Max    '将垂直滚动条滑块放到最下方
    VScroll1.LargeChange = 20
    VScroll1.SmallChange = 5
End Sub
Private Sub HScroll1_Change()
    '水平滚动条滑块位置变化时，按钮宽度跟着变化
    Command1.Width = HScroll1.Value
End Sub
Private Sub VScroll1_Change()
    '垂直滚动条滑块位置变化时，按钮的高度跟着变化
    Command1.Height = VScroll1.Value
End Sub
```

4.2　列表框和组合框

 引导案例2

建立一个简单的购票系统，通过对列表框和组合框的选择，产生订单，也可以删除和清空订单，如图 4.8 所示。

图4.8 程序运行界面

程序运行时，首先选择车次，然后选择出发地和目的地，单击"确认"按钮，则会产生一条新的订单项，单击"删除订单"按钮可以删除已选中订单，如果删除时未选中或订单为空，都会弹出提示消息框。

程序中需要为用户呈现车次、出发地、目的地等信息，这些信息与文本框中的内容不同，应该是列表的形式，用户可以选择其中的某一项进行操作，这就需要用到列表框和组合框。

其中车次和订单这两个是列表框，它的特点是内容是一个一个的列表项。出发地目的地这两个是组合框，组合框的特点是既可以在列表中选择，也可以输入内容，相当于文本框和列表框组合在一起。

当选择完毕单击"确认"按钮以后，将选择信息添加到"已选订单"中，也可以删除和清空已选订单记录，这是列表框中添加和删除功能，需要使用相应的方法来实现。这些是我们这一节要学习的内容。

列表框和组合框是用于提供选择列表的控件，这两种控件都可以将选择项目添加到列表中，供用户进行选择，也可以对列表项进行动态地添加和删除操作，应用灵活。

列表框(ListBox)提供一个项目清单给用户从中进行选择，它允许用户用鼠标选择一个或几个项目。当项目超出了列表框设计时的高度，系统会自动为列表框添加一个垂直滚动条。

组合框(ComboBox)是兼有文本框和列表框功能的控件，用户可以在组合框的编辑区中用键盘输入所需要的项目，也可以像列表框一样，通过鼠标从列表中选择所需要的项目(但只能从中选择一项)。

4.2.1　列表框

列表框中的项目既可以通过属性窗口手动添加，也可以在代码中用语句自动添加。添加进来的项目内容都被存放在列表框的 List 属性中，该属性是一个字符串型数组。用户选择项目、添加项目、删除或清除项目等操作，就是围绕这个数组进行的。

1．常用属性

(1) List 属性。该属性是一个字符串型数组，用于存放列表框的各个选项。List 数组的下标从 0 开始，例如，在图 4.9 中，若列表框的名称为 List1，则列表框中第 1 项 List1.List(0)的值是"孙扬"，第 4 项 List1.List(3)的值是"李剑"。

> **小贴士**
>
> 向 List 数组添加元素(即向列表框添加选项)有两种方法。
>
> ① 在设计阶段使用属性窗口添加，如图 4.10 所示。选定列表框后，在属性窗口中打开 List 属性依次添加项目，每一项结束后按 Ctrl+Enter 组合键换行，继续输入下一项。
>
> ② 在程序中用代码添加。用代码添加项目，要用到列表框的 AddItem 方法。具体参见本节中列表框的常用方法。

图 4.9　列表框

图 4.10　List 属性设置

(2) ListCount 属性。该属性值为整型，用来返回的是列表框中选项的数量。该属性只能在程序中设置或引用。

> **小贴士**
>
> 由于存放列表框选项的数组 List 的下标从 0 开始，所以在程序中经常用 ListCount-1 表示列表中最后一项的下标。而 List1.List(List1.ListCount-1)表示列表框中最后一项。
>
> 例如，在图 4.9 中，List1.List(List1.ListCount-1)的值是"张萧"。

(3) ListIndex 属性。该属性值为整型，用来设置或返回列表框中被选中的选项在 List 数组中的下标。如果未选中任何选项，那么 ListIndex 的值为-1。该属性只能在程序中用代码设置或引用。例如，在图 4.9 中，当"曲南南"被选中时，List1.ListIndex 的返回值为 2。也就是说，List1.List(List1. ListIndex)="曲南南"。

(4) Selected 属性。该属性值是一个逻辑型数组，用于存放列表框的各个选项的选定状态。Selected 数组的下标从 0 开始，数组元素的值表示对应下标的列表框项目是否被选中。例如，List1.Selected(2)的值为 True 表示第 3 项"曲南南"被选中，如为 False 表示未被选中。该属性只能在程序中设置或引用。

（5）Sorted 属性。该属性值为逻辑型，用来设置列表框中的选项是否按字母、数字的升序排列。该属性只能在属性窗口中进行设置。

True：各选项按字母、数字升序排列。

False(默认值)：各选项按加入列表框的先后顺序排列。

（6）Text 属性。该属性值为字符串型，用来返回列表框中被选中选项的文本内容。该属性只能在程序中引用。

被选中选项的文本内容也可以用 List 数组的当前元素值来表示。例如，在图 4.9 所示的列表框中选中了"曲南南"，那么：

```
List1.Text="曲南南"
List1.List(List1.ListIndex)="曲南南"
```

（7）Multiselect 属性。该属性值为整型，用来设置列表框的选择方式。该属性只能在属性窗口进行设置。

0—None(默认值)：禁止多项选择。

1—Simple：简单多项选择。在这种方式下，用户单击鼠标或按空格键直接可以实现多选。

2—Extended：扩展多项选择。在这种方式下，按住 Ctrl 键再单击鼠标或按空格键可以选择不连续的多项；按住 Shift 键再单击鼠标或按空格键可以选择连续的多项。

（8）SelCount 属性。该属性值为整型，用来返回列表框中被选中选项的数量。

（9）Style 属性。该属性值为整型，用来设置列表框的外观样式。

0—Standard(默认)：标准样式。

1—CheckBox：复选框样式。在这种样式下，单击项目前的复选框完成选择，如图 4.11 所示。

（10）Columns 属性。该属性值为整型，用来设置列表框的列数，默认值为 0。

0(默认值)：表示所有项目呈单列显示。

大于等于 1：允许多列显示，如图 4.12 所示。

图 4.11　Style 为 1 的列表框

图 4.12　Column 为 2 的列表框

2．常用事件

(1) Click。当单击列表框的项目时触发该事件。

(2) DblClick。当双击列表框的项目时触发该事件。

(3) Scroll。当拖动列表框的滚动条时触发该事件。

3．常用方法

列表框中的选项可以在设计阶段通过属性窗口添加，也可以在程序中用 AddItem 方法添加，用 RemoveItem 或 Clear 方法删除。

1) AddItem 方法

格式：[对象名.]AddItem 项字符串[,项索引号]

功能：向列表框中添加新项目。

说明：

① 对象可以是列表框或组合框。

② 项字符串必须是字符串表达式。

③ 项索引号决定新增选项在列表框或组合框中的序号(即 List 数组元素的下标，从 0 开始)，如果省略项索引号，则把新增选项添加到所有项目的末尾。例如：

```
List1.AddItem "刘月"       '在列表框 1 末尾追加新选项"刘月"
List1.AddItem "王洋",2     '在列表框 1 的第 3 项前插入新选项"王洋"
```

2) RemoveItem 方法

格式：[对象名.]RemoveItem 项索引号

功能：在列表框中删除指定的选项。

说明：

① 对象可以是列表框或组合框。

② 项索引号是被删除选项在列表框或组合框中的序号(即 List 数组元素的下标)。例如：

```
List1.RemoveItem 2              '删除下标为 2 的项目
List1.RemoveItem List1.ListIndex   '删除被选中的项目
```

3) Clear 方法

格式：[对象名.]Clear

功能：清除列表框中的所有选项。

说明：对象可以是列表框、组合框或剪贴板。例如：

```
List1.Clear
```

【例 4.4】 设计利用列表框管理学生名单的程序，程序具有添加和删除功能。

项目说明：程序运行结果如图 4.13 所示。单击"增加"按钮时，会弹出一个输入框，在输入框中输入新项目后确定，新项目被添加到列表框中已有项目的末尾。选中列表框中的一个项目后单击"删除"按钮，该项目将从列表框中被删除。

图 4.13　程序界面

项目分析：在列表框中添加项目要用 AddItem 方法，用此方法添加的是项目的内容，应该是一个字符类型的表达式。在列表框中删除项目要用 RemoveItem 方法，用此方法删除的是相应下标的项目，下标应该是一个数值类型的表达式。另外，列表框的初始项目可以在代码中添加，但要在窗体的 Load 事件中添加。如果要使列表框多列显示，如图 4.13 所示，还要设置其 Columns 属性值。

项目设计：

(1)　创建界面。新建一个标准 EXE 工程，在窗体中放置 1 个列表框、2 个命令按钮。

(2)　设置属性。将列表框 Columns 的属性设置为 2，命令按钮的名称分别设置为 cmdAdd、cmdDelete，Caption 属性分别设置为"增加""删除"，界面设计如图 4.13 所示。

(3)　编写代码。各事件过程的代码如下。

```
Private Sub Form_Load()                 '加载窗体时，向 List1 中添加 6 个初始值
    List1.AddItem "孙扬"                 'AddItem 方法后面是字符串表达式
    List1.AddItem "黄亮"
    List1.AddItem "曲南南"
    List1.AddItem "李剑"
    List1.AddItem "孟子平"
    List1.AddItem "张萧"
    List1.AddItem "刘洋"
End Sub
Private Sub cmdAdd_Click()
    Dim x As String
    x = InputBox("请输入新姓名")         '弹出输入框，输入字符保存到变量 x 中
    List1.AddItem x                      '追加 x 到列表框末尾
End Sub
Private Sub cmdDelete_Click()
    If List1.ListIndex <> -1 Then        '当用户选定某个项目时，才可以删除
        List1.RemoveItem List1.ListIndex '删除所选项目
    End If
End Sub
```

4.2.2　组合框

组合框(ComboBox)兼有文本框和列表框的功能。在列表框的属性中，除 Columns、MultiSelect、SelCount 和 Selected 属性外，其余属性均适用于组合框。其中，组合框的

Style 属性和 Text 属性的含义、作用与列表框有所不同。

1．常用属性

(1)　Style 属性。该属性值为整型，用来设置组合框的外观样式，如图 4.14 所示。

0—Dropdown Combo(默认值)：下拉式组合框，它是由 1 个文本框和 1 个下拉式列表框组成。该样式允许用户在编辑区(文本框)中输入项目或从下拉列表中选择项目。

1—Simple Combo：简单组合框，它是由 1 个文本框和 1 个列表框组成。该样式允许用户在编辑区(文本框)中输入文本或从列表中选择项目。

2—Dropdown List：下拉式列表框。该样式只允许用户从下拉列表中进行选择，不允许在编辑区(文本框)中输入项目。

图 4.14　3 种样式的组合框外观比较

(2)　Text 属性。该属性值为字符串型，用来返回从组合框列表中所选择选项的文本内容或直接从组合框编辑区(文本框)中输入的文本内容。

2．常用事件

组合框所响应的事件依赖于 Style 属性，只有简单组合框(Style 属性值为 1)能接收 DblClick 事件，其他两种组合框仅可以接收 Click 事件和 Dropdown 事件。对于下拉式组合框(Style 属性值为 0)和简单组合框，可以在编辑区输入文本，当输入文本时会触发文本框的 Change 事件。

3．常用方法

组合框常用方法与列表框常用方法相同。

【例 4.5】　设计利用组合框管理电器价目表的程序。

项目说明：程序运行结果如图 4.15 所示。组合框中的项目为家用电器价目表，通过窗体中的"修改""确定""添加"按钮，可以修改价目表中已有的项目或添加新项目。

图 4.15　程序运行界面

项目分析：窗体上有 1 个组合框，1 个文本框和 3 个命令按钮。在组合框的价目列表中已经加入一些项目，如图 4.15 所示。当在列表中选择一个项目后，单击"修改"按钮，选定的项目内容会显示在文本框中；在文本框中对此项目进行修改后单击"确定"按钮，修改后的内容将被重新写入到列表框中原来的位置，文本框被清空。如果在文本框中输入一个新项目并单击"添加"按钮，则所输入的内容将被添加到列表中已有项目的末尾。

在设计阶段为组合框的列表添加选项要在属性窗口中进行，具体方法与为列表框添加选项的方法相同。"修改"选定的项目内容，实际上就是为相应的 List 数组元素重新赋值。为组合框添加项目，要用到组合框的 AddItem 方法，用法与列表框的 AddItem 方法相同。

项目设计：

(1) 创建界面。新建一个标准 EXE 工程，在窗体中添加 1 个组合框、1 个文本框和 3 个命令按钮。

(2) 设置属性。各对象属性设置如表 4.3 所示。

表4.3　属性设置

对　象	属　性	属　性　值
Command1	Caption	修改
Command2	Caption	确定
Command3	Caption	添加
Text1	Text	空
Combo1	List	电视机 2100 洗衣机 1200 ……

(3) 编写代码。各事件过程的代码如下：

```
Private Sub Command1_Click()
    Text1.Text = Combo1.Text          '将组合框的选定项目显示在文本框中
End Sub
Private Sub Command2_Click()
    If Combo1.ListIndex <> -1 Then
      '将文本框中修改的内容，存入组合框的 List 数组
      Combo1.List(Combo1.ListIndex) = Text1.Text
      Text1.Text = ""
    End If
End Sub
Private Sub Command3_Click()
    Combo1.AddItem Text1.Text     '将文本框中的内容添加到组合框末尾
End Sub
```

4.3 计时器与图片控件

红绿灯控制汽车行驶(见图 4.16)。

图 4.16 程序运行界面

单击"开车"按钮以后开始计时,小汽车自动前进,信号灯自动计时,当变为黄灯时,小车停止前进,信号灯继续变化,直到变为绿灯,小车才继续前进。

在这个程序中小汽车是自动前进的,红绿灯也是自动按时间间隔发生的变化,这就需要一种控件进行计时,就是计时器控件。图 4.16 中的汽车红绿灯都是图片,需要用到图片控件,即图片框和图像框。程序中添加两个计时器,分别用来控制小车运动和交通灯变化,红黄绿三个颜色的灯,按一定的时间间隔交替显示。计时器在使用时需要对其时间间隔进行设置,自定执行的内容需要编写在计时器的相应事件中。

程序演示及编写过程详见本章二维码(位置: 本章最后一页)。

4.3.1 计时器

计时器(Timer)是按一定的时间间隔(Interval)周期性地自动触发 Timer 事件的控件,类似于循环程序结构。根据计时器的这个特性,可以设计具有动画效果的程序或用于程序的计时。计时器控件不能改变大小,在程序运行期间,计时器控件也不显示在窗体上。

1. 常用属性

(1) Interval 属性。该属性值为整型,用来设置 Timer 事件之间的时间间隔。

小贴士

计时器的 Interval 值以毫秒 ms(0.001s)为单位,介于 0~65 535ms,因此其最大的时间间隔不能超过 65 秒(s)。如果希望每隔 1s 发生一次 Timer 事件,那么 Interval 属性值应设为 1000。将 Interval 属性设置为 0 表示屏蔽计时器。

(2) Enabled 属性。该属性值为逻辑型，用来设置计时器是否有效。经常通过设置 Enabled 属性为 True 或 False 来开启或关闭计时器。

True(默认值)：有效。

False：无效。

2．常用事件

计时器只有一个 Timer 事件，每隔一个 Interval 时间间隔，就会自动发生一次该事件，该事件过程中的代码就被执行一次，直到计时器的 Enabled 属性为 False 时停止。

【例 4.6】 设计在窗体上显示动态文字的程序。

图 4.17　程序设计界面

项目说明：当程序运行时，单击"开始"按钮，文字开始每隔 10ms 自动向右移动 10 个单位，单击"停止"按钮，文字暂停移动。程序设计界面如图 4.17 所示。

项目分析：程序中利用计时器每隔 10ms 实现文字的移动，首先要设置其 Interval 属性值为 10，Enabled 属性设置为 False。在命令按钮 Click 事件中分别设置开始和停止时计时器的 Enabled 属性值，开启或关闭计时器。利用计时器在程序中实现图形或文字的动画效果是计时器控件的主要应用之一。

项目设计：

(1) 创建界面。新建一个标准 EXE 工程，在窗体中添加 1 个计时器、1 个标签、2 个命令按钮，界面设计如图 4.17 所示。

(2) 设置属性。各控件属性设置如表 4.4 所示。

表 4.4　属性设置

对　象	属　性	属 性 值
Timer	Name	tmrclock
	Interval	10
	Enabled	False
Command1	Name	cmdStart
	Caption	开始
Command2	Name	cmdStop
	Caption	停止
Label1	Name	lblWord
	FontSize	一号
	Caption	文字

(3) 编写代码。各事件过程的代码如下。

```
Private Sub cmdStart_Click()
    tmrClock.Enabled = True              '开启计时器
End Sub
```

```
Private Sub cmdStop_Click()
    tmrClock.Enabled = False              '关闭计时器
End Sub
Private Sub tmrClock_Timer()
    lblWord.Left = lblWord.Left + 10      '标签的 Left 属性值加 10
End Sub
```

说明：将计时器的 Timer 事件作如下修改后，可以使标签运动到窗体右边界时，自动返回到窗体左边。

```
Private Sub tmrClock_Timer()
    If lblWord.Left > Form1.Width Then
        lblWord.Left = -lblWord.Width
    End If
    lblWord.Left = lblWord.Left + 10       '标签的 Left 属性自加 10
End Sub
```

【例 4.7】 设计利用计时器计时的程序。

项目说明：单击"开始"按钮时，在窗体中的标签上动态显示时间，单击"结束"按钮时，停止计时。程序设计界面如图 4.18 所示。

项目分析：将窗体上的计时器 Interval 属性设置为 1000，即 1s。利用 Timer 事件自动对变量 Num 进行计数，再利用取余函数和取整函数计算出秒数、分钟数和小时数，显示在 3 个文本框中。利用计时器进行计数的程序，是计时器控件的另一个主要应用。

图 4.18 程序设计界面

项目设计：

(1) 创建界面。新建一个标准 EXE 工程，在窗体中添加 3 个标签、1 个计时器、3 个文本框和 2 个命令按钮。

(2) 设置属性。各对象的属性设置如表 4.5 所示。

表 4.5 属性设置

对　象	属　性	属　性　值
Label1	Caption	小时
Label2	Caption	分
Label2	Caption	秒
Text1	Text	空
Text2	Text	空
Text3	Text	空
Command1	Caption	开始
Command2	Caption	结束
Timer1	Interval	1000
	Enabled	False

(3) 编写事件过程代码如下。

```
Dim num As Integer
Private Sub Command1_Click()
    Timer1.Enabled = True
End Sub
Private Sub Command2_Click()
    Timer1.Enabled = False
End Sub
Private Sub Timer1_Timer()
    num = num + 1
    Text1.Text = Int(num/3600)
    Text2.Text = Int(num/60) Mod 60
    Text3.Text = num Mod 60
End Sub
```

小贴士

变量 num 用来进行累加计数，其值为 Timer 事件发生的次数，即秒数。取整函数和取余运算用来生成分钟和小时。

4.3.2　图片框

图片框控件(PictureBox)的主要作用是显示图片和绘制图形，同时，图片框控件是容器类控件，可作为其他控件的容器，同时还支持 Print、Cls、Line 和 Circle 等方法。

1．常用属性

(1) Picture 属性。该属性用于将图片显示到图片框。该属性可以在设计阶段的属性窗口中进行设置，也可以在程序中用 LoadPicture 函数设置。

(2) Autosize 属性。该属性值为逻辑型，决定是否允许图片框自动调整尺寸，以适应图片的原始尺寸。True 表示允许，False 表示不允许。

将 Autosize 属性设置为 False 时，图片框不能自动改变大小来适应图片的原始尺寸，这意味着如果图片比图片框大，则在图片框中只能显示图片的一部分。

2．常用方法

图片框支持 Print、Circle、Line、Point 和 Pset 等绘图方法。

3．常用事件

图片框可以响应 Click、DblClick、键盘和鼠标等事件，但在实际应用中很少对其编写事件过程，图片框的主要功能是显示图片。

【例 4.8】　设计利用 Picture 属性，实现显示图片、删除图片和交换图片的功能。

项目说明：程序设计界面如图 4.19 所示。程序运行后，2 个图片框中显示 2 幅不同的图片，单击"交换图片"按钮，2 幅图片交换显示。单击"删除图片"按钮，2 幅图片都被从图片框中删除；单击"显示图片"按钮，则 2 幅图片又恢复显示。

项目分析：要实现 2 幅图片交换，实际上就是实现 2 个图片框 Picture1 和 Picture2 的 Picture 属性值的交换，这就类似于交换 2 个变量的值，需要引入第 3 个中间量。在这里引入 1 个空的图片框控件，用来暂时存放图片。为了不影响程序的运行效果，此图片框应设置为不可见。

图 4.19　程序设计界面

项目设计：

(1) 创建界面。在窗体中添加 3 个图片框、3 个命令按钮。

(2) 设置属性。各对象的属性设置如表 4.6 所示。

表 4.6　属性设置

对　　象	属　　性	属　性　值
Picture1	Autosize	True
Picture2	Autosize	True
Picture3	Autosize	True
	Visible	False
Command1	Caption	显示图片
Command2	Caption	交换图片
Command3	Caption	删除图片

(3) 编写代码：

```
Private Sub Command1_Click()
    Picture1.Picture = LoadPicture("dog.jpg")
    Picture2.Picture = LoadPicture("tree.jpg")
End Sub
Private Sub Command2_Click()
    Picture3.Picture = Picture1.Picture
    Picture1.Picture = Picture2.Picture
    Picture2.Picture = Picture3.Picture
End Sub
Private Sub Command3_Click()
    Picture1.Picture = LoadPicture("")
    Picture2.Picture = LoadPicture("")
End Sub
```

说明：只有当图片文件的存放位置与工程所在路径相同时，才可以使用下面的语句加载图片。

```
Picture1.Picture = LoadPicture("dog.jpg")
Picture2.Picture = LoadPicture("tree.jpg")
```

在这种情况下，也可以将语句改为：

```
Picture1.Picture = LoadPicture(App.Path + "\dog.jpg")
Picture2.Picture = LoadPicture(App.Path + "\tree.jpg")
```

其中，App.Path 返回工程所在的路径字符串。

4.3.3　图像框

图像框控件(Image)可以用来显示图片，但不能作为其他控件的容器，也不接收 Print、Cls、Line 和 Circle 等方法。也就是说，不能在图像框上显示文本和绘制图形。与图片框(PictureBox)相比，图像框显示图片时占用更少的内存，显示图片的速度更快。

1. 常用属性

(1) Picture 属性。该属性用于将图片显示到图像框。该属性可以在设计阶段的属性窗口中进行设置，也可以在程序中用 LoadPicture 函数设置。

(2) Stretch 属性。该属性值为逻辑型，决定是否允许图片自动调整尺寸，以适应图像框的尺寸。True 表示允许，False 表示不允许。

Stretch 属性与图片框(PictureBox)的 AutoSize 属性不同。AutoSize 属性用来调整图片框的大小以适应图片大小，Stretch 属性则用来调整图片以适应图像框的大小，如图 4.20 所示。

图 4.20　AutoSize 和 Stretch 属性的比较

2. 常用事件

图像框可以响应 Click、DblClick 和鼠标等事件，和图片框一样，在实际应用中也很少对其编写事件过程。

4.4　图　形　操　作

4.4.1　图形操作基础

1. 坐标系统

为了定位不同对象所处的位置，VB 引入了坐标系统。每个容器控件都具有自己的坐标系统，并且坐标的作用范围只限定在该容器的工作区内。对于窗体而言，它的工作区是除去标题栏和边框的剩余区域。对于图片框，它的工作区是除去边框的剩余区域。

与坐标系有关的属性主要如下。

ScaleWidth 属性和 ScaleHeight 属性：设置容器工作区在坐标系中的宽度和高度。

ScaleLeft 属性和 ScaleTop 属性：设置容器工作区左上角在坐标系中的横纵坐标值。

图 4.21　窗体坐标系统

小贴士

坐标系缺省情况下为系统坐标系，系统坐标系规定容器工作区的左上角为坐标原点，横向向右为 X 轴正向，纵向向下为 Y 轴正向。在系统坐标系中可以选择 8 种坐标刻度单位，但无论选择哪种单位，都不会改变工作区的实际大小，只是改变工作区在坐标系中的宽度(ScaleWidth)和高度(ScaleHeight)。窗体的系统坐标系如图 4.21 所示。

坐标刻度单位由容器对象的 ScaleMode 属性决定，其属性设置如表 4.7 所示。当其缺省时，坐标刻度单位为 twip(1440 twip 为 1 英寸，20 twip 为 1 磅)。

表 4.7　ScaleMode 属性设置

ScaleMode 属性值	坐标刻度单位
0	用户定义(User)
1	twip(缺省值)
2	磅(Point，每英寸 72 磅)
3	像素(pixed，与显示器分辨率有关)
4	字符(缺省为高 12 磅、宽 20 磅的单位)
5	英寸(inch)
6	毫米(millimeter)
7	厘米(centimeter)

2. 颜色的表示

在控件中设置前景色(ForeColor 属性)、背景色(BackColor 属性)及绘制图形或显示文本的时候，均需要使用 VB 的颜色值。在 VB 中，表示不同颜色值的方法有 4 种。

1) 十六进制

颜色值可以用一个 6 位的十六进制数表示，这个数从左到右，每两位一组代表一种颜色，它们的顺序是蓝、绿、红。例如，&H000000 表示黑色、&H0000FF 表示红色、&H00FF00 表示绿色。其中，&H 是十六进制数的前导符，表示后面是一组十六进制数。

例如，语句 Form1.BackColor=&H0000FF 是将窗体的背景色设置为红色。

2) RGB 函数

RGB 函数返回一个长整型(Long)整数，用来表示一个颜色值。RGB 函数通过指定红、绿、蓝三原色的相对亮度，生成一个用于显示的特定颜色。其语法如下。

RGB(red, green, blue)

说明：

(1) red 为必选参数，0~255 的整数，代表颜色中的红色成分。

(2) green 为必选参数，0~255 的整数，代表颜色中的绿色成分。

(3) blue 为必选参数，0~255 的整数，代表颜色中的蓝色成分。

表 4.8 给出了一些常见的标准颜色。

表 4.8　RGB 函数表示的常见颜色

颜　色	red	green	blue
黑色	0	0	0
蓝色	0	0	255
绿色	0	255	0
红色	255	0	0
黄色	255	255	0
白色	255	255	255

例如，语句 Form1.BackColor = RGB(255, 0, 0)是将窗体的背景色设置为红色。

3) QBColor 函数

QBColor 函数返回一个长整型(Long)数，用来表示对应颜色的 RGB 颜色码，其语法如下。

QBColor(color)

说明：color 是必选参数，是介于 0~15 的整数，代表 16 种基本颜色。

例如，QBcolor(0)返回黑色，QBcolor(9)返回蓝色，QBColor(12)返回红色。又如，语句 Form1.BackColor = QBColor(12) 是将窗体的背景色设置为红色。

4) 颜色常量

在程序代码中还可以使用颜色常量来表示几种常用的颜色值，如 vbBlack 代表黑色，vbRed 代表红色等。例如，Form1.BackColor=vbGreen 是将窗体的背景色设置为绿色。

3. 图形控件

VB 中与图形有关的控件主要有 2 种，它们是线(Line)、形状(Shape)。利用线和形状控件可以直接显示各种基本图形，包括圆、椭圆、矩形、直线等。

4. 图形方法

在容器控件中显示基本图形，除了可以线(Line)和形状(Shape)控件来实现以外，　VB 还提供了用来在对象中绘制基本图形的方法：Line 方法和 Circle 方法。VB 中支持图形方法的对象有窗体(Form)、图片框(Picture)和打印机(Printer)。

4.4.2 线和形状控件

如果要在容器控件中显示基本图形，如直线或矩形等，可以通过线(Line)控件或形状(Shape)控件来实现。在容器控件中添加线或形状后，设置它们的相应属性值就可以使其显示为不同的直线或形状。需要注意的是，这里的容器控件可以是窗体、框架和图片框。

1. 线控件

线控件可以用来显示直线，其常用属性如下。

(1) BorderStyle：线形样式，它有 7 种取值，分别对应 7 种线形，如表 4.9 所示。

表 4.9　BorderStyle 属性取值及对应样式

BorderStyle 属性值	线段或边框线的样式
0—Transparent	透明(即不显示)
1—Solid	实线
2—Dash	破折线
3—Dot	点线
4—Dash-Dot	破折线-点线(即点画线)
5—Dash-Dot-Dot	破折线-点线-点线(即双点画线)
6—Inside Solid	内实线(只对 Shape 控件起作用)

(2) BorderWidth：线段宽度，默认以像素为单位。

(3) BorderColor：线段颜色。

(4) X1, X2, Y1, Y2 属性用来设置或返回线段两端点的坐标。其中，(X1, Y1)表示线段的第 1 端点坐标，(X2, Y2)表示线段的第 2 端点坐标。

【例 4.9】 设计程序，当单击窗体时，显示窗体工作区的对角线。程序运行结果如图 4.22 所示。

图 4.22　程序运行结果

项目设计：在窗体中添加 2 个 Line 控件，名称分别为 Line1 和 Line2。在窗体的 Click 事件中设置它们的端点坐标，就可以显示窗体工作区的对角线。

程序代码如下。

```
Private Sub Form_Click()
    '显示主对角线
    Line1.X1 = 0
    Line1.Y1 = 0
    Line1.X2 = Form1.ScaleWidth
    Line1.Y2 = Form1.ScaleHeight
    '显示副对角线
    Line2.X1 = Form1.ScaleWidth
    Line2.Y1 = 0
    Line2.X2 = 0
    Line2.Y2 = Form1.ScaleHeight
End Sub
```

2. 形状控件

形状控件可以用来显示矩形、椭圆、圆、圆角矩形及圆角正方形。当把形状控件添加到容器控件上时，缺省情况下显示矩形，通过改变 Shape 属性可显示其他几何形状。形状控件的常用属性如下。

(1) Shape：用来设置控件所显示的几何形状。其取值如图 4.23 所示，分别对应 6 种形状。

(2) BorderStyle：线形样式同 Line 控件，详见表 4.9。

(3) BorderWidth：边框线宽度，默认时以像素为单位。

图 4.23　Shape 控件的 6 种形状

(4) BorderColor：边框颜色。

(5) FillStyle：用来设置形状内部的填充图案样式，它有 8 种取值，如图 4.24 所示。当 FillStyle 值为 0 时，用 FillColor 的颜色填充形状。

图 4.24　FillStyle 属性决定的内部图案

(6) FillColor：用来设置填充图案的颜色。默认时 FillColor 为黑色。

(7) BackColor：用来设置形状内部的背景颜色。

(8) BackStyle：用来设置背景样式，形状是否被指定的颜色填充。其取值如表 4.10 所示。

表 4.10　Shape 控件的 BackStyle 属性

BackStyle 属性值	含　义
0—Transparent	表示形状边界内的区域是透明的
1—Opaque	表示形状边界内由 BackColor 属性所指定的颜色来填充(默认时 BackColor 的颜色值为白色)

【例 4.10】　设计程序使 Shape 控件实现动态变化。

项目说明：程序运行结果如图 4.25 所示。程序运行后，红色正方形逐渐变大，中心位置保持不变，当正方形大小超过 2000 时静止不动，同时 8 种内部图案顺序变化。

图 4.25　程序运行结果

项目分析：使 Shape 控件显示为正方形需设置 Shape 属性值为 1。要使其大小发生变化，需控制其 Width 和 Height 属性，同时还应调整 Left 和 Top 属性，使正方形中心位置不变。另外，还应向程序中添加计时器控件，在 Timer 事件过程中实现 Shape 控件动态变化。

项目设计：

(1) 创建界面。新建一个标准 EXE 工程。在窗体中添加 1 个形状控件和 1 个计时器。

(2) 设置属性。各对象的属性设置情况如表 4.11 所示。

表 4.11　属性设置

对　象	属　性	属　性　值
Shape1	Shape	1
Timer1	Interval	500
	Enabled	True

(3) 编写代码。

```
Private Sub Timer1_Timer()
  If Shape1.Width <= 2000 Then
    Shape1.Width = Shape1.Width + 100      '调整宽度和高度，改变形状大小
    Shape1.Height = Shape1.Height + 100
    Shape1.Left = Shape1.Left - 50         '调整 Left，Top 使中心位置不变
    Shape1.Top = Shape1.Top - 50
```

```
Else
    '取余函数使 FillStyle 属性的取值在 0～7
 Shape1.FillStyle = (Shape1.FillStyle + 1) Mod 8
   End If
End Sub
```

4.4.3 图形方法

1. Line 方法

格式：[对象名.]Line[Step] [(x1,y1)] –[Step] (x2,y2)[, 颜色][, B[,F]]

功能：在对象上画直线或矩形。

说明：

(1) 对象可以是窗体、图片框或打印机，默认时为当前窗体。

(2) (x1, y1)为线段的起点坐标或矩形的左上角坐标，(x2, y2)为线段的终点坐标或矩形的右下角坐标。

(3) Step 参数是可选参数。第 1 个 Step 表示起点坐标，是相对于 CurrentX 和 CurrentY 属性的相对坐标，即将 CurrentX 和 CurrentY 看作是坐标原点。第 2 个 Step 表示相对于起点坐标的终点坐标，即将起点坐标看作是坐标原点。这里的 CurrentX 和 CurrentY 属性决定绘图时的当前坐标，相当于绘图笔尖的当前位置坐标，如未作设置，它们的默认值为(0,0)，它们在设计阶段不能使用。

(4) 关键字 B 表示画矩形。

(5) 关键字 F 表示用画矩形的颜色来填充矩形。当省略 F 时，矩形的填充色由对象的 FillColor 属性决定。

(6) DrawWidth 属性决定在对象上所画线条的宽度或点的大小。DrawWidth 属性以像素为单位，最小值为 1。

(7) DrawStyle 属性决定在对象上所画线条的样式。DrawStyle 属性设置如表 4.12 所示。

表 4.12   DrawStyle 属性设置

设 置 值	线 形
0	Solid(实线，默认值)
1	Dash(长画线)
2	Dot(点线)
3	Dash-Dot(点画线)
4	Dash-Dot-Dot(点点画线)
5	Transparent(透明线)
6	Inside Solid(内实线)

以上线形仅当 DrawWidth 属性值为 1 时才有效。

【例 4.11】 设计利用 Line 方法在窗体上画随机射线的程序。

项目说明：程序运行结果如图 4.26 所示。单击窗体，会以窗体中心同一点为起点画出 100 条不同颜色、不同方向、不同长度的随机射线。

项目分析：画线需要使用 Line 方法，所有射线都由坐标点 (1400,1400)指向不同象限的不同位置。由于产生射线的颜色、方向、长度等都是随机的，所以需用到随机函数 Rnd。由随机函数产生 X 坐标与 Y 坐标，然后用 Line(1400,1400) – (X,Y)画线。

程序代码如下。

图 4.26　程序运行结果

```
Private Sub Form_Click()
   For i = 1 To 100
      Randomize
      X = Int(Rnd * 3000)
      Y = Int(Rnd * 3000)
      c = Int(Rnd * 16)
      Form1.Line (1400, 1400)-(X, Y), QBColor(c)
   Next i
End Sub
```

2. Circle 方法

格式：[对象名.]Circle [(x,y), 半径[, 颜色][, 起始角][, 终止角][, 长短轴比率]]

功能：在对象上画圆或椭圆。

说明：

(1) 对象可以是窗体、图片框和打印机，默认时为当前窗体。

(2) (x, y)为圆心坐标。

(3) 圆弧和扇形的绘制通过起始角、终止角参数控制。当起始角、终止角取值在 $0\sim2\pi$ 时，绘制圆弧，当在起始角、终止角前加一个负号时，绘制扇形，负号表示画圆心到圆弧的径向线。

(4) 长短轴比率等于 1 时为画圆，不等于 1 时为画椭圆。

图 4.27　程序运行结果

【例 4.12】　利用 Circle 方法绘制如图 4.27 所示的图形。

程序代码如下。

```
Private Sub Form_Click()
   X = 1000                       '圆心横坐标 1000
   Y = 1000                       '圆心纵坐标 1000
   For r = 100 To 400 Step 20     '半径每次增加 20
      X = X + 50
      Y = Y + 50
      Circle (X, Y), r            '画出当前圆
   Next r
End Sub
```

本章介绍了 VB 中的几个常用标准控件和 VB 的图形操作。标准控件包括单选按钮、复选框、框架、滚动条、列表框、组合框、计时器、图片框和图像框。其中，单选按钮(OptionButton)和复选框(CheckBox)为用户提供唯一性选择和复合性选择的选项；框架(Frame)用于将其他控件对象分组，不仅实现了视觉上的区分，而且可使框架内的控件成为一个整体；滚动条(ScrollBar)用来协助观察数据或确定位置，也可以作为数据输入的工具；列表框(ListBox)和组合框(ComboBox)提供一个显示多个项目的列表，用户可从中进行选择一个或多个项目；计时器是按时间间隔周期性触发事件的控件，可用来按时间控制某些操作或用于计时；图片框和图像框是图片的容器，两者有相同的属性也有各自不同的特征。在图形操作部分包括图形控件(线和形状)，以及图形方法(Line 方法和 Circle 方法)。

习　题

一、选择题

1. 下列叙述中，错误的是_____。

    A. 列表框与组合框都有 List 属性

    B. 列表框有 Selected 属性，而组合框没有

    C. 列表框和组合框都有 Style 属性

    D. 组合框和列表框都有 Text 属性

2. 滚动条可以响应的事件是_____。

    A. Load   B. Scroll   C. Click   D. MouseDown

3. 设窗体上有一个名称为 HS1 的水平滚动条，如果执行了语句：HS1.Value=(HS1.Max−HS1.Min)/2+HS1.Min，则_____。

    A. 滚动块处于最左端

    B. 滚动块处于最右端

    C. 滚动块处于中间位置

    D. 滚动块可能处于任何位置，具体位置取决于 Max、Min 属性的值

4. 窗体上有一个名称为 Cb1 的组合框，程序运行后，为了输出选中的列表项，应使用的语句是_____。

    A. Print Cb1.Selected   B. Print Cb1.List(Cb1.ListIndex)

    C. Print Cb1.Selected.Text   D. Print Cb1.List(ListIndex)

5. 为了在窗体上建立 2 组单选按钮，并且当程序运行时，每组都可以有一个单选按钮被选中，则以下做法中正确的是＿＿＿＿。

    A. 把这 2 组单选按钮设置为名称不同的 2 个控件数组

    B. 使 2 组单选按钮的 Index 属性分别相同

    C. 使 2 组单选按钮的名称分别相同

    D. 使 2 组单选按钮分别画到 2 个不同的框架中

6. 窗体 Form1 上有一个名称为 Command1 的命令按钮，以下对应窗体单击事件的过程是＿＿＿＿。

    A.
```
Private Sub Form1_Click()
    …
End Sub
```
    B.
```
Private Sub Form_Click()
    …
End Sub
```
    C.
```
Private Sub Command1_Click()
    …
End Sub
```
    D.
```
Private Sub Command_Click()
    …
End Sub
```

7. 窗体上有一个名为 Command 1 的命令按钮和 1 个名为 Timer 1 的计时器，并有下面的事件过程：

```
Private Sub Command1_Click()
    Timer 1.Enabled=True
End Sub
Private Sub Form_Load()
    Timer 1.Interval=10
    Timer 1.Enabled=False
End Sub
Private Sub Timer1_Timer()
    Command1.Left=Command1.Left+10
End Sub
```

程序运行时，单击命令按钮，则产生的结果是＿＿＿＿。

    A. 命令按钮每 10s 向左移动一次   B. 命令按钮每 10s 向右移动一次

    C. 命令按钮每 10ms 向左移动一次   D. 命令按钮每 10ms 向右移动一次

8. 设窗体上有一个名为 List1 的列表框，并编写下面的事件过程：

```
Private Sub List 1_Click()
    Dim ch AS String
    ch=List 1.List(List1.ListIndex)
    List 1.RemoveItem List1.ListIndex
    List 1.AddItem ch
End Sub
```

程序运行时，单击 1 个列表项，则产生的结果是＿＿＿＿。

    A. 该列表项被移到列表的最前面

    B. 该列表项被删除

图 4.28 题 10 图

    C. 该列表项被移到列表的最后面

    D. 该列表项被删除后又在原位置插入

9. 下面_____属性肯定不是框架控件的属性。

    A. Text   B. Caption

    C. Left   D. Enabled

10. 窗体上有 List1、List2 两个列表框，List1 中有若干列表项(见图 4.28)，并有下面的程序：

```
Private Sub Command1_Click()
    For k=List1.ListCount-1 To 0 Step -1
        If List1.Selected(k) Then
            List2.AddItem List1.List(k)
            List1.RemoveItem k
        End If
    Next k
End Sub
```

    程序运行时，按照图示在 List1 中选中 2 个列表项(物理和外语)，然后单击 Command1 命令按钮，则产生的结果是_____。

    A. 在 List2 中插入了"外语""物理"两项

    B. 在 List1 中删除了"外语""物理"两项

    C. 同时产生 A 和 B 的结果

    D. 把 List1 中最后 1 个列表项删除并插入到 List2 中

11. 在窗体上画 1 个图片框，在图片框中画 1 个命令按钮，位置如图 4.29 所示，则命令按钮的 Top 属性值是_____。

    A. 200   B. 300

    C. 500   D. 700

图 4.29 命令按钮的位置

12. 设窗体上有一个图片框 Picture1，要在程序运行期间装入当前文件夹下的图形文件 File1.jpg，能实现此功能的语句是_____。

    A. Picture1.Picture=" File1.jpg"

    B. Picture1.Picture=LoadPicture ("File1.jpg")

    C. LoadPicture ("File1.jpg")

    D. Call LoadPicture ("File1.jpg")

13. 以下关于图片框控件的说法中，错误的是_____。

    A. 可以通过 Print 方法在图片框中输出文本

    B. 清空图片框控件中图形的方法之一是加载一个空图形

    C. 图片框控件可以作为容器使用

    D. 用 Stretch 属性可以自动调整图片框中图形的大小

二、填空题

1. 为了使复选框禁用(即呈现灰色)，应把它的 Value 属性设置为 [1] 。

2. 在窗体上画 1 个标签、1 个计时器和 1 个命令按钮，其名称分别为 Label1、Timer1 和 Command1。程序运行后，如果单击命令按钮，则标签开始闪烁，每秒钟"欢迎"显示或消失一次。以下是实现上述功能的程序，请填空。

```
Private Sub Form_Load()
    Label1.Caption="欢迎"
    Timer1.Enabled=False
    Timer1.Interval= [2]
End Sub
Private Sub Timer1_Timer()
    Label1.Visible= [3]
End Sub
Private Sub command1_Click()
    [4]
End Sub
```

3. 窗体上有 1 个名称为 Combo1 的组合框，其初始内容为空，有 1 个名称为 Command1、标题为"添加项目"的命令按钮。程序运行后，如果单击命令按钮，会将给定数组中的项目添加到组合框中，如图 4.30 所示。请填空。

图 4.30　题 3 图

```
Option Base 1
Private Sub Command 1_ Click()
    Dim city As Variant
    city= [5] ("北京","天津","上海","武汉",
"重庆","西宁")
    For i= [6] To UBound(city)
        ComboI.AddItem [7]
    Next
End Sub
```

4. 程序运行时在窗体上显示"VB 程序设计"几个字，窗体上的 2 个组合框分别用来设置窗体上文字的字体和字号。单击组合框，从中选择字体和字号，窗体上显示的文字会随之作相应的变化，如图 4.31 所示。下面给出的程序代码不完整，请填空。

图 4.31　题 4 图

```
'在窗体 Load 事件中为两个组合框添加字号和字体
Private Sub Form_Load()
    Combo1.AddItem 10
    Combo1.AddItem 15
    Combo1.AddItem 20
    Combo2.AddItem "黑体"
```

```
        Combo2.AddItem "隶书"
        Combo2.AddItem "宋体"
End Sub
'单击"字号"组合框中某一项目时改变标签中文字的字号
Private Sub Combo1_Click()
        Label1.FontSize = [8]
End Sub
'单击"字体"组合框中某一项目时改变标签中文字的字体
Private Sub Combo2_Click()
        [9]
End Sub
```

5. 在窗体中有 1 个列表框、3 个命令按钮。单击
"追加随机数"按钮，将在列表框末尾追加一个随机整
数(介于 0～100，不包括 100)，单击"删除所选数"按
钮可以删除所选择的项，单击"清空所有数"按钮可以
删除所有项，如图 4.32 所示。下面的程序不完整，请
填空。

图 4.32　题 5 图

```
Private Sub Command1_Click()
        Dim x As Integer
        Randomize
        '产生大于等于 0 小于 100 的整数
        x = Int(Rnd * 100)
        '下面的语句用来在列表框中添加项目
        [10] Str(x)
End Sub
Private Sub Command2_Click()
        If List1.ListIndex <> -1 Then
        '下面的语句用来删除列表框中选中的项目
            [11]
        Else
            MsgBox "还没有做选择"
        End If
End Sub
Private Sub Command3_Click()
'下面的语句用来清除列表框中的所有项目
    [12]
End Sub
```

随身课堂

高级语言程序设计——Visual Basic

微信扫天下　课程掌中观　　本章二维码

第5章 数组和过程

核心概念

数组 子程序(Sub 过程) 自定义函数(Function 过程) 参数传递 变量作用域

5.1. 一维数组的定义和使用

引导案例1

前面课程中用到的变量都是独立的变量，变量之间没有内在的联系。但我们在处理实际问题时，常常遇到有联系的同一类型的成批数据。例如，10 名学生某门课程的考试成绩，如果用 10 个简单变量 a、b、c 等分别存储，既麻烦又不能反映数据间的本来顺序。

下面先来看一个例子：输入 5 名同学的身高，然后找出低于平均身高的同学。

```
Dim s1%, s2%, s3%, s4%, s5%
s1 = InputBox("输入身高 cm")
s2 = InputBox("输入身高 cm")
s3 = InputBox("输入身高 cm")
s4 = InputBox("输入身高 cm")
s5 = InputBox("输入身高 cm")
aver = (s1 + s2 + s3 + s4 + s5) / 5
Print "平均身高为: "; aver
Print "低于平均身高的为: "
If s1 < aver Then Print s1
If s2 < aver Then Print s2
```

```
If s3 < aver Then Print s3
If s4 < aver Then Print s4
If s5 < aver Then Print s5
```

可以看出，从定义变量到输入数据，找出低于平均值的语句大多是重复的，而且如果要处理的人数增多，语句还会相应增加。实际上一组变量如果是同一个类型，那么可以使用数组来解决。可以把这批数据用一个统一的名字 s 来表示，其中每个数据可以表示成 s(1)，s(2)，…，s(5)。这个 s 就是表示一组学生身高的"数组"的名字，括号中的数字 1，2，…, 5 称为下标，s(1)等称为数组元素。

注意：s1 和 s(1)不同，s1 是简单变量，其中的 s 和 1 不可分割，是一个整体；s(1)是一个数组中的一个元素，当括号内的数字发生变化时，代表着不同的数组元素。以上例子如果用数组来做，代码可以这样写。

```
Dim s(1 To 5) As Integer
For i = 1 To 5
  s(i) = InputBox("输入身高 cm")
  Sum = Sum + s(i)
Next i
aver = Sum / 5
Print "平均身高为: "; aver
Print "低于平均身高的为: "
For i = 1 To 5
  If s(i) < aver Then Print s(i)
Next i
```

当同学人数增加时，代码数量几乎不用变，只需要将数字 5 替换成相应人数即可。

5.1.1 数组的定义

数组是一组同名变量的集合。与简单变量不同的是：数组中的数据不是无规律存放的，而是按照下标的顺序存放的，在内存中占据一片连续的存储单元。只有一个下标的数组称为一维数组，具有两个或多个下标的数组称为二维数组或多维数组。在使用数组之前，必须先定义数组。

1．一维数组的定义

格式：Public|Dim|Static <数组名>(下标上界) [As 数据类型]

说明：

(1) Public 语句表示数组为公用数组，如果希望数组为模块级数组，则在模块中通用声明处用 Dim 语句定义数组；如果希望数组为局部数组，则在过程中用 Static 或 Dim 语句定义数组。例如：

```
Public test(4) As Integer
Dim s(2) As Long
```

(2) "数组名"在程序中用来代表数组的名称。数组名遵循与变量名同样的命名规则。

(3) "下标上界"是待定义数组元素的最大下标。注意，在 VB 中数组第一个元素的下标是 0，即下标下界为 0，所以若定义一个数组的下标上界为 n，则该数组最多可以拥有 n+1 个元素。例如：

```
Public test(4) As Integer
```

定义了一个下标上界是 4 的数组，数组中实际包含 5 个元素，分别为 test(0)、test(1)、test(2)、test(3)、test(4)。

在默认情况下，数组的起始下标是 0，也可以强制改变数组的起始下标，使其变为 1，方法是在程序代码的通用声明部分插入 Option Base 1 语句。这样，在该程序模块中定义的所有数组，其第一个元素的下标都是 1。在定义数组时要根据实际情况决定数组的起始下标。

(4) "数据类型"用于指定数组元素的数据类型。如果指定了数据类型，则数组中的所有元素都具有相同的数据类型；如果未指定数组的数据类型，则默认为变体型，变体型的数组可以存放不同类型的数据元素。

(5) VB 还提供了另一种数组定义格式：

```
Public|Dim|Static <数组名>(下界 To 上界) [As 数据类型]
```

这种定义格式可以指定数组上下界，其范围可以是-32 768～32 767。例如：

```
Public Arr(2 To 5)       '数组元素为 Arr(2)、Arr(3)、Arr(4)、Arr(5)
Public Arr(-1 To 3)      '数组元素为 Arr(-1)、Arr(0)、Arr(1)、Arr(2)、Arr(3)
```

使用这种定义格式可以更好地反映对象的特性，例如：

```
Dim age(18 To 40)             '用来存储年龄从 18～40 岁人的数组
Dim production(1998 To 2004)  '用来存储 1998～2004 年的产量的数组
```

需要注意的是：数组的下界必须小于上界。

2．数组的引用

数组的引用通常是指对数组元素的引用，其方法是在数组名后面的括号中指定被引用元素的下标，例如：a(2)，b(3)。数组元素与变量的用法相同，既可以被赋值，也可以参加表达式的运算。例如：

```
a(1) = "a"
a(2) = "b"
b(3) = a(1) + a(2)
```

引用数组时应注意下标要在定义的范围内，否则会出现"下标越界"的错误。

3．数组元素的输入/输出

定义数组其实是为数组安排一块连续的内存存储区，但这并不意味着内存里该数组已建立了应有的内容。

数组有上界和下界，数组元素在上下界之间是连续的，所以利用数组与循环语句的配合，可以方便地处理数组元素，从而简化程序。对数组元素值的输入/输出都采用这种方法。一般情况下，对于一维数组的输入/输出采用一重循环，而对于二维数组的输入/输出则采用双重循环。

(1) 用 InputBox 函数为数组元素赋值。例如：

```
Dim A(5)
For i = 0 To 5
    A(i) = Val(InputBox("请输入一个数", "数组输入"))
Next i
```

(2) 将数组元素赋值为有规律的数列。例如：

```
Dim A(5)
For i=0 To 5
    A(i)=i
Next i
```

该程序定义了一个含有 6 个元素的数组 A，利用循环变量为数组元素依次赋值，分别为 0、1、2、3、4、5。为数组元素赋值为有规律的数列，需要找出数组元素下标与循环控制变量的关系。例如，将数组元素存储为奇数数列，可以这样设计循环：

```
For i=1 To n
    A(i)=2*i-1
Next i
```

(3) 用 Array 函数为数组元素赋值。

定义数组除了使用命令定义的方法，还可以利用 Array 函数将变体型变量定义为数组，并直接为数组元素赋值。

函数格式：Array(元素列表)

例如：

```
Dim a                        '定义变量 a
a=Array(1,5,9,3,2)
```

此时变量 a 成为数组，并且有 5 个元素，即 a(0)=1、a(1)=5、a(2)=9、a(3)=3、a(4)=2。Array 函数定义的数组起始下标会受到语句 Option Base 1 的影响。

注意：Array 函数只适用于一维数组，即只能对一维数组进行初始化，不能对二维或多维数组进行初始化。用 Array 函数赋值的变量只能是变体型的变量，不可以是其他类型的变量。

(4) 输出数组元素的值。例如：

```
For i=0 To 5
    Print A(i);
Next i
```

5.1.2　一维数组的使用

【例 5.1】　输出斐波拉契数列的前 20 项。斐波拉契数列的定义是数列的前两项 0 和 1，以后每项均为其前两项的和，即依次为 0，1，1，2，3，5，8，13，21，……

```
Private Sub Command1_Click()
    Dim a(20) As Long
    a(1) = 0                        '数列第 1 项
    a(2) = 1                        '数列第 2 项
    For i = 3 To 20                 '应用循环求第 3～20 项
        a(i) = a(i-2) + a(i-1)      '数列第 3 项为前两项和
    Next
    For i = 1 To 20
        Print a(i);
    Next
End Sub
```

【例 5.2】　从无序的 5 个数中找出最大数字。

算法设计：程序应用 Array 函数将 5 个数存入数组 a 中。若想找出数组中最大数，可以假设数组中第 1 个数为最大数，即 max=a(1)，然后利用循环将数组中其他的数依次与 max 比较，若遇到大于 max 的数，则让 max 存储该数，即语句 If a(j) > max Then max = a(j)，循环结束后，max 中存储的数一定是数组中的最大值。

程序代码：

```
Option Base 1
Private Sub Form_Click()
    Dim a
    a=Array(1,3,2,7,9)
    Print
    max = a(1)
    For j = 2 To 5
        If a(j) > max Then max = a(j)
    Next j
    Print "max = "; max
End Sub
```

程序运行结果为 max= 9。

小贴士

查找若干个数字中的最值是比较常见的算法，通常都是将数字赋值给一个数组，然后按照上述方式依次进行比较。为了方便阅读，上面例题中最大值用了变量 max 来代表，实际可以用任何名字的变量。查找最小值的算法基本上与此类似，只是将分支判断中的大于号改为小于号即可。

【例 5.3】　从 100 个随机数中找出最大数字和最小数字。

算法设计：与例 5.2 类似，本题采用随机数函数 Rnd 为数组赋 100 个 10000 以内的随机数字。然后用变量 x 代表最大值，用变量 y 代表最小值。

程序代码：

```
Private Sub Form_Click()
  Dim a(1 To 100) As Integer
Dim x%, y%
For i = 1 To 100
   a(i) = Int(Rnd * 10000)
 Next i
 x = a(1)
 y = a(1)
 For i = 2 To 100
   If a(i) > x Then x = a(i)
   If a(i) < y Then y = a(i)
 Next i
 Print "max="; x
 Print "min="; y
End Sub
```

【例 5.4】 将 10 个数从大到小排序。

排序是一维数组的一个重要应用，排序方法很多，我们先介绍一种选择排序方法。

算法设计：

(1) 将 n 个数从大到小排序，其实质是找大数，第 1 次找出第 1 大的数，第 2 次找出第 2 大的数，……，第 i 次找出第 i 大的数，直到找出倒数第 2 大的数为止(用一重循环来实现)。

(2) 当找第 i 大的数时，将该数与后面的数逐个比较，如果该数小于某个数则交换，比较完毕则可将第 i 大的数换到位置 i 上(又需一重循环来实现)。

例如，将 4，6，9，7，5 从大到小排序。

i = 1		4,6,9,7,5	'找第 1 大的数，放在第 1 位置
	j = 2	6,4,9,7,5	
	j = 3	9,4,6,7,5	
	j = 4	9,4,6,7,5	
	j = 5	9,4,6,7,5	'第 1 大的数被找出
i = 2		4,6,7,5	'找第 2 大的数，放在第 2 位置
	j = 3	6,4,7,5	
	j = 4	7,4,6,5	
	j = 5	7,4,6,5	'第 2 大的数被找出
i = 3		4,6,5	'找第 3 大的数，放在第 3 位置
	j = 4	6,4,5	
	j = 5	6,4,5	'第 3 大的数被找出
i = 4		4,5	'找第 4 大的数，放在第 4 位置
	j = 5	5,4	'第 4 大的数被找出

此时，已按从大到小的顺序排序：9，7，6，5，4。

程序代码：

```
Private Sub Command1_Click()
    Dim arr(1 to 10) As Integer, t As Integer
    Randomize
    Print "随机生成10个100以内的整数"
    For i = 1 To 10
       arr(i) = Int(Rnd * 100)
       Print arr(i);
    Next i
    Print
    For i = 1 To 10 - 1
       For j = i + 1 To 10
          If arr(i) < arr(j) Then
             t = arr(i)
             arr(i) = arr(j)
             arr(j) = t
          End If
       Next j
    Next i
    Print "降序排列以后的顺序为: "
    For j = 1 To 10
       Print arr(j);
    Next j
    Print
End Sub
```

小贴士

前面使用的数组都是先定义好的固定大小的数组，这种数组被称为静态数组。有时并不知道需要定义多大的数组才合适，所以希望能够在程序运行时改变数组大小，这时可以定义动态数组。比如对 n 个数字进行排序，而 n 是在程序运行后通过输入框或文本框给出的，这时要根据 n 值在程序中动态定义数组的大小。

创建动态数组步骤如下。

(1) 首先定义一个没有下标的数组，即动态数组。例如：

```
Dim Arr() As Integer
```

(2) 用 ReDim 语句分配实际的元素个数。格式：

```
ReDim [Preserve] <数组名> (下标) [As 数据类型]
```

例如：

```
ReDim Arr (10)
ReDim Arr (2 To 8)
```

ReDim 语句只能出现在过程中，用于改变元素个数以及上、下界，数组的维数也可以改变，但数据类型不可改变。在一个程序中，可以多次使用 ReDim 语句定义同一个数组。例如：

```
Dim s As Integer
Dim a() As Integer          '定义一个动态数组
ReDim a(5)                  '给数组分配空间
s = InputBox("Input a number:")   '将输入的数值作为数组下标上界
ReDim a(s)                  '再次给数组分配空间
```

ReDim 重新定义动态数组时，数组中的内容将被清除，但如果使用 Preserve 选项，则不清除原数组内容。

5.2 二维数组的定义和使用

5.2.1 二维数组的定义

格式：Public|Dim|Static <数组名> (第一维下标, 第二维下标) [As 数据类型]
例如：

```
Public Arr(2,3) As Integer
```

定义一个二维数组，名字为 Arr，数据类型为 Integer，该数组有 3 行(0～2)、4 列(0～3)，共 12 个元素，如表 5.1 所示。

表 5.1　二维数组元素

Arr(0,0)	Arr(0,1)	Arr(0,2)	Arr(0,3)
Arr(1,0)	Arr(1,1)	Arr(1,2)	Arr(1,3)
Arr(2,0)	Arr(2,1)	Arr(2,2)	Arr(2,3)

同一维数组一样，二维数组也可以用指定上下界的方式定义，例如：

```
Public a(1 To 2,1 To 3)As Integer
```

定义后数组元素为 a(1,1)、a(1,2)、a(1,3)、a(2,1)、a(2,2)、a(2,3)，共 6 个元素。

VB 中也支持多维数组的使用，即使用多个数字作为数组的下标，因不在本书讨论范围内故省略。

5.2.2 数组的上下界函数

无论定义一维或多维数组，下界都必须小于上界。如果需要知道数组的上界值和下界值，可以通过 Lbound 和 Ubound 函数来测试。
格式：

```
Lbound(数组名[,维])
Ubound(数组名[,维])
```

这两个函数分别返回一个数组中指定维的下界和上界，若两个一起使用即可确定一个数组元素个数。

对于一维数组来说，参数"维"可以省略。如果测试多维数组，则"维"不能省略。例如：

```
Dim a(10)
Print Lbound(a), Ubound(a) '结果为0    10
Dim b(1 to 100, 50)
Print Lbound(b,1), Ubound(b,1)
                        '求数组 b 第一维的下界和上界，结果为1    100
Print Lbound(b,2), Ubound(b,2)
                    '求数组 b 第二维的下界和上界，结果为0    50
```

5.2.3 二维数组的使用

二维数组可以使用双重循环来进行赋值和读取数组内容等操作，一般来说外层循环与数组行数相对应，内层循环与数组列数相对应。

【例 5.5】 二维数组的输入/输出示例。

程序代码：

```
Private Sub Form_Click()
    Const m% = 3, n% = 4
    Dim a(m, n) As Integer
    Dim s As Integer, i As Integer, j As Integer
    For i = 1 To m                          '外循环控制二维数组行数
      For j = 1 To n                        '内循环控制二维数组列数
        a(i, j) = Val(InputBox("输入数据", "二维数组输入"))  '输入数组元素
      Next j
    Next i
    For i = 1 To m
      For j = 1 To n
        Print Tab(8 * j); a(i, j);    '          '二维数组的输出
      Next j
    Print                              '换行
    Next i
End Sub
```

程序运行结果如图 5.1 所示。

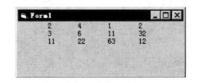

图 5.1 运行结果

在对数组进行处理的时候，通常用循环结构处理一维数组，用双重循环处理二维数组。但有一种特殊的 For Each…Next 循环结构可以专门来处理各种数组。

格式：

```
For Each 成员 In 数组名
    循环体
    [Exit For]
Next
```

说明：

(1) "成员"是一个变体变量，在循环过程中代表每一个数组元素。

(2) 循环次数由数组元素的个数决定，即有多少个数组元素，就循环多少次。

例如：为一个二维数组赋值，可以使用如下语句。

```
Dim a(1 To 3, 1 To 4) As Integer
For Each x In a
  x = Int(Rnd * 1000)
  Print x
Next
```

循环时 x 将代表从 a(1,1)到 a(3,4)每一个数组元素。

【例 5.6】 设计程序将 4 个学生 3 门课程的考试成绩(均为整数)存放在 4 行 3 列的数组 score(4,3)中，并计算每个学生的总分。

程序代码：

```
Option Base 1
Private Sub Command1_Click()
    Dim sum As Integer
    Dim score(4, 3) As Integer
    For i = 1 To 4                    '输入学生成绩，并输出
        For j = 1 To 3
            score(i, j) = Val(InputBox("输入数据", "二维数组输入"))
            Print Tab(8 * j); score(i, j);
        Next j
    Next i
    For i = 1 To 4         '外循环表示行数，即一个学生
        sum = 0           '每行开始位置赋变量 s 初值为 0
        For j = 1 To 3    '内循环表示每行有几个元素，即 3 门课程
            sum = sum + score(i,j)
        Next j
        Print
        Print "第" & i & "个学生的总分是:"; sum
    Next i
End Sub
```

【例 5.7】 矩阵综合应用。原始矩阵为有规律的数列，每个按钮实现对矩阵的一个操作，如图 5.2 所示。

图 5.2 运行结果

程序代码如下:

```
Option Base 1
Const N = 5        '2 个常量用于定义数组下标上界
Const M = 5
Dim a(M, N)
Private Sub Command1_Click()
   '将矩阵赋值为有规律的数列，关键是找到每个元素与行标、列标的关系
   Dim i%, j%, t%
   For i = 1 To N
      For j = 1 To M
         a(i, j) = 5 * (i - 1) + j
      Next j
   Next i
   Print "原始矩阵为: "
   Print
   For i = 1 To N
      For j = 1 To M
         Print Tab(5 * j); a(i, j);
      Next j
      Print
   Next i
End Sub
Private Sub Command2_Click()                      '求第 3 列元素和
   Dim s%
   For i = 1 To M
      s = s + a(i, 3)
   Next i
   Print
   Print "第 3 列元素和为: "; s
```

```
End Sub
Private Sub Command3_Click()                    '输出对角线
  Dim s%
  Print
  For i = 1 To N
    s = s + a(i, i)
  Next i
  Print
  Print "对角线和为: "; s
End Sub
Private Sub Command4_Click()                    '交换第 1 列和第 2 列
  For i = 1 To M
    t = a(i, 1)
    a(i, 1) = a(i, 2)
    a(i, 2) = t
  Next i
  Print
  Print "交换第 1 列和第 2 列后的矩阵为: "
  Print
  For i = 1 To N
    For j = 1 To M
      Print Tab(5 * j); a(i, j);
    Next j
    Print
  Next i
End Sub
Private Sub Command5_Click()        '求每行元素的和
  Print
  For i = 1 To N
    s = 0                           '求每行和时先将 s 清零
    For j = 1 To M
      s = s + a(i, j)
    Next j
    Print "第" & i & "行的和为: " & s
  Next i
  Print ""
End Sub
```

5.3 控 件 数 组

数组有两类：普通数组和控件数组。在程序设计过程中有时候需要用到多个同类型的控件，而且对这些控件的操作相似，这时可以使用控件数组来代替普通的控件。控件数组为我们处理功能相近的控件提供了极大的方便。

5.3.1 控件数组的概念

控件数组是一组具有相同名称、类型和事件过程的控件，如 Label1(0)、Label1(1)、

Label1(2)等。在实际应用中，有时会用到一些类型相同且功能类似的控件。如果对每一个控件都单独处理，就会多做一些重复的工作。这时，我们可以用控件数组来简化程序。控件数组具有以下特点。

(1) 相同的控件名称(即 Name 属性)。

(2) 控件数组中的控件具有相同的一般属性。

(3) 所有控件共用相同的事件过程。

(4) 以下标索引值(Index)来标识各个控件，第 1 个下标索引号为 0，第 2 个下标索引号为 1，以此类推，不受 Option Base 语句的影响。

5.3.2 控件数组的建立

控件数组中每一个元素都是控件，它的定义方式与普通数组不同。可以通过以下方法建立控件数组。

(1) 在窗体设计时，先建立一个控件，然后复制该控件并将其粘贴到窗体上。消息框提示"已经有相同名称的控件，是否创建控件数组"，单击"是"按钮，可建立一个控件数组。此时，原有控件的 Index 属性由空值变为 0，新粘贴控件的 Index 属性依次变为 1、2 等。控件数组元素的名称也会发生变化，比如原有控件名称为 Label1，形成控件数组后名称虽然也是 Label1，但是引用单个的控件数组元素，就要使用 Label1(0)、Label1(1)等数组元素名称。

(2) 在窗体设计时，将窗体上已有的类型相同的多个控件的 Name 属性设置为相同的值。消息框提示"已经有相同名称的控件，是否创建控件数组"，此时单击"是"按钮，可建立一个控件数组。

(3) 在窗体设计阶段，将某个控件的 Index 属性改为 0，表示这是一个控件数组的第一个元素。然后编写代码，使用 Load 方法可以在窗体上添加其他的控件数组元组。

【例 5.8】 使用代码创建标签控件数组。

(1) 界面设计：先在窗体上添加一个标签 Label1，在属性窗口将 Caption 属性设置为"第 1 个标签"，Index 属性设置为 0，适当修改标签字体、大小等属性，如图 5.3 所示。然后在窗体的单击事件中编写代码。

(2) 程序代码：

```
Private Sub Form_Click()
For i = 1 To 5
 Load Label1(i)
 Label1(i).Caption = "第" & (i + 1) & "个标签"
 Label1(i).Top = Label1(i - 1).Top + 600
 Label1(i).Visible = True
Next i
End Sub
```

(3) 运行程序，单击窗体，窗体上会加载 5 个 Label1 控件数组中的数组元素，其他标签的大小和 Label1(0)相同，位置不同。如图 5.4 所示。

图 5.3　窗体示例

图 5.4　加载控件数组

5.3.3　控件数组的使用

建立了控件数组之后，控件数组中所有控件共享同一事件过程。例如，假定某个控件数组含有 n 个按钮，则不管单击哪个按钮，系统都会调用同一个 Click 过程，并且会将被单击按钮的 Index 属性值传递给过程，由事件过程根据不同的 Index 值执行不同的操作。

【例 5.9】　建立含有 2 个命令按钮的控件数组，实现计算阶乘和累加的运算。

(1)　界面设计：向窗体 Form1 中添加由 2 个命令按钮组成的控件数组，该数组的名称为 Command1，2 个按钮的 Index 属性值分别为 0、1，各控件的 Caption 属性设置如图 5.5 所示。

(2)　程序代码：

```
Private Sub Command1_Click(Index As Integer)
Dim t As Integer, s As Single
t = Text1.Text
Select Case Index
    Case 0          'Index 为 0 时，求阶乘运算
        s = 1
        For i = 1 To t
            s = s * i
        Next i
        Print "阶乘运算结果为：", s
    Case 1          'Index 为 1 时，求累加运算
        s = 0
        For i = 1 To t
            s = s + i
        Next i
        Print "累加运算结果为：", s
End Select
End Sub
```

(3)　程序运行时，无论单击哪一个按钮，都调用 Command1_Click 事件，但因为按钮的 Index 属性值不同，执行的运算就不同。程序运行如图 5.6 所示。

图 5.5　窗体设计布局　　　　　　　图 5.6　程序运行结果

5.4　Sub 过程的定义和使用

　　有这样一个程序，窗体上有 4 个命令按钮，Command1～Command4。当单击每个按钮时做的事情都相同，比如在窗体上输出从 1 到 100 的和。按照以前所学的内容，可以在 Command1 中写好代码，然后分别复制到其他 3 个按钮中。程序代码段可能是这样：

```
Private Sub Command1_Click()
  For i = 1 To 100
    sum = sum + i
  Next i
  Print "1到100的和为:"; sum
End Sub
Private Sub Command2_Click()
  For i = 1 To 100
    sum = sum + i
  Next i
  Print "1到100的和为:"; sum
End Sub
Private Sub Command3_Click()
  For i = 1 To 100
    sum = sum + i
  Next i
  Print "1到100的和为:"; sum
End Sub
Private Sub Command4_Click()
  For i = 1 To 100
    sum = sum + i
  Next i
  Print "1到100的和为:"; sum
End Sub
```

案例导学 2

4 个按钮中的代码完全相同，造成了很大的冗余。而且，一旦当程序的要求有所修改，比如要求 200 到 1000 的和，在程序中我们要对 4 个程序段逐一修改，工作量很大。

如果程序段的要求相同或者相近，该如何编写程序呢？请看下面代码段：

```
Private Sub Command1_Click()
  For i = 1 To 100
    sum = sum + i
  Next i
  Print "1 到 100 的和为:"; sum
End Sub
Private Sub Command2_Click()
  Call Command1_Click
End Sub
Private Sub Command3_Click()
  Call Command1_Click
End Sub
Private Sub Command4_Click()
  Call Command1_Click
End Sub
```

在另外 3 个按钮中，没有编写具体功能的代码，而只是使用了一行语句。

```
Call Command1_Click
```

这里，Call 称作调用命令，Command1_Click 就是按钮 1 单击事件的名称，也叫作按钮 1 的单击过程。

所谓过程就是一段命名的程序代码，通过名字可以反复调用，从而增加程序的可读性和可维护性。从前面的例子我们已经看到，VB 的程序运行都是由事件驱动来实现的，而事件驱动就是通过事件执行对应的事件过程。

VB 除了事件过程外，还允许用户定义过程，称为通用过程。因此，本质上 VB 的程序就是各种过程的集合。本节将介绍 VB 的通用过程(包括 Function 过程和 Sub 过程)和事件过程的定义、调用及其相关的问题。

在 VB 中使用下列几种过程。

(1) Sub 过程(子程序)。

(2) Function 过程(函数过程)。

(3) 事件过程。

5.4.1 Sub 过程的定义

使用 Sub 语句定义的通用过程又称为子程序。

格式：

```
[Private|Public|Static] Sub<过程名>[(形式参数表)]
    过程语句
    [Exit Sub]
End Sub
```

说明：

(1)　[Private|Public|Static]可以定义 Sub 过程的作用范围。

(2)　"过程名"是定义的 Sub 过程的名称，长度不超过 255 个字符。

(3)　"形式参数表"列出调用 Sub 过程时传送的变量，多个参数之间用逗号隔开。格式为：

```
[ByVal |ByRef] 变量名 [As 数据类型]
```

其中，ByVal 和 ByRef 用于指定参数传递的方式。"As 数据类型"用于指定参数的数据类型，默认类型为变体类型。

(4)　End Sub 表明代码块的结束。每个 Sub 过程必须有一个 End Sub 语句。当程序执行到该语句时，退出过程，并立即返回到上一级调用该过程的语句处，继续执行下面的语句。

(5)　Exit Sub 语句用于强制退出过程。

例如，编写一个不需要参数的过程，求 1～100 数字和的 Sub 过程 S。

```
Private Sub S
  For i = 1 To 100
    Sum = Sum + i
  Next i
  Print "1 到 100 的和为:"; Sum
End Sub
```

当过程定义好后，在其他过程中只需要使用 Call S 即可调用该过程 S。

再例如，编写一个需要参数的过程，求两个数交换的 Sub 过程 Swap。

```
Private Sub Swap(x%, y%)
  Dim temp
  temp = x
  x = y
  y = temp
End Sub
```

Swap 为过程名；x%、y%为形式参数。过程的作用是交换变量 x 和 y 的值。

5.4.2　Sub 过程的调用

1. Sub 过程的调用命令

调用 Sub 过程有两种方法。

方法一：使用 Call 命令。

格式：Call <过程名> [(实际参数表)]

方法二：直接使用过程名调用。

格式：<过程名> [实际参数表]

说明：

(1) 调用 Sub 过程时的参数称为实际参数，实际参数要与定义过程时的形式参数一一对应，即参数个数相同，数据类型一致。实际参数可以是变量，也可以是具体的值。当实参为数组时，实参名后也要加一对括号。

(2) 当使用 Call 语句时，参数必须在括号内，若省略 Call 关键字，则必须省略参数两边的括号。例如，下列程序用来调用子程序并显示调用前后变量的不同结果。

```
Private Sub Form_Click()
    Dim a%, b%
    a = 10
    b = 20
    Print "过程调用前 a="; a; "b = "; b
    Call Swap(a, b)                    '或用 Swap(a, b)表示调用过程
    Print "过程调用后 a="; a; "b = "; b
End Sub
```

2．程序运行流程

调用语句常出现在主程序中，被调用的程序称为子程序。上述程序运行流程如下。

```
'主程序:
Private Sub Form_Click()
    Dim a%, b%
①   a = 10
    b = 20
    Print "过程调用前 a="; a; "b = "; b   ②
    Call Swap(a, b)
⑤   Print "过程调用后 a="; a; "b = "; b   ④
    End Sub
```

```
'子程序:
Private Sub Swap(x%, y%)
    Dim temp
    temp = x          ③
    x = y
    y = temp
End Sub
```

程序执行步骤如下。

(1) 先执行主程序中的命令语句。

(2) 在主程序中遇到语句 Call Swap(a, b)，则调用子程序 Swap，且主程序变量 a, b 的值传递给子程序中的变量 x, y。

(3) 执行子程序中的语句。

(4) 子程序执行结束，返回主程序，且子程序变量 x, y 的值传递给主程序中的变量 a, b。

(5) 继续执行主程序中 Call Swap(a, b)命令以后的语句。

5.4.3　Sub 过程的使用

【例 5.10】　利用 Sub 过程求三角形的面积。

(1)　算法设计：本程序定义两个 Sub 过程。

area(s,a,b,c)过程：求三角形的面积。

err 过程：提示输入数据错误。

在 Command1_Click()事件中，利用输入框输入 3 个边长，如果符合构成三角形的条件，则调用 area(s,a,b,c)过程，否则调用 err 过程。

(2)　程序代码：

```
Private Sub area(s As Double, x As Double, y As Double, z As Double)
    Dim p As Double
    p = (x + y + z) / 2
    s = Sqr((p - x) * (p - y) * (p - z) * p)
End Sub
Private Sub err()                        '定义错误提示过程，无参数
    MsgBox "请检查您的数据", vbYesNo + vbInformation, "数据错误"
End Sub
Private Sub Command1_Click()
    Dim a As Double, b As Double, c As Double, s As Double
    Dim intYesorNo As Integer
    a = InputBox("输入 A", "计算三角形面积")
    b = InputBox("输入 B", "计算三角形面积")
    c = InputBox("输入 C", "计算三角形面积")
    If a + b > c And b + c > a And c + a > b Then
        Call area(s, a, b, c)    '使用 Call 关键字，实际参数用括号括起来
        Print "三条边长为: "; a; b; c
        Print " 面积 ="; s
    Else
        err                       '不使用 Call 关键字调用 err 过程
    End If
End Sub
```

程序运行结果：当输入合理边长时显示结果如图 5.7 所示；当输入不合理的边长时出现消息框，如图 5.8 所示。

图 5.7　运行结果

图 5.8　运行结果

小贴士

在案例导学 2 中，要求 4 个按钮做相同的事情，都是求 1 到 100 的和。但在实际应用中，很少有两个过程需要做完全一样的事情。当在子程序中使用形式参数后，就可以在调用时使用实际参数来控制子程序做不同的工作了。

【例 5.11】 使用 4 个按钮分别计算 1～100、325～720、500～1000 任意两个自然数之间的和。

程序代码如下：

```
Private Sub s(a%, b%)
  For i = a To b
    Sum = Sum + i
  Next i
  Print a & "到" & b & "之间数字和为："; Sum
End Sub
Private Sub Command1_Click()
    Call s(1, 100)
End Sub
Private Sub Command2_Click()
    Call s(325, 720)
End Sub
Private Sub Command3_Click()
    Call s(500, 1000)
End Sub
Private Sub Command4_Click()
    x% = InputBox("输入第一个数字")
    y% = InputBox("输入第二个数字")        '第二个数字要大于等于第一个数字
    Call s(x, y)
End Sub
```

5.5 Function 过程的定义和使用

5.5.1 Function 过程的定义

格式：

```
[Private|Public|Static] Function <函数名>([形式参数表])[As 数据类型]
    函数语句
    [Exit Function]
End Function
```

说明：

(1) 函数的定义与 Sub 过程类似。Exit Function 可以强制退出函数过程。

(2) 函数过程有返回值，这个返回值依靠函数名传递。因此，函数名不仅可以标记函数，而且还用来传递函数的返回值。函数定义时需要有一个为函数名赋值的语句。

例如，定义一个数学函数 $f(x) = 3x^3 - 2x^2 + 6x - 1$。

```
Private Function f(x as integer) as integer
    f = 3 * x ^ 3 - 2 * x ^ 2 + 6 * x - 1
End Function
```

函数定义中，语句 f = 3 * x ^ 3 - 2 * x ^ 2 + 6 * x - 1 表示将求得表达式的结果赋值给函数名 f，即调用函数时就可以将这个结果返回到调用语句。

5.5.2　Function 过程的调用

格式：<函数名> ([实际参数表])

说明：函数的调用格式同 VB 中内部函数的使用类似，例如，f(x)为已经定义的求 $3x^3 - 2x^2 + 6x - 1$ 的函数，则下列语句均为正确的调用形式。

```
a=f(10)          '求 x 为 10 的表达式 3 * 10^3 - 2 * 10^2 + 6 * 10 - 1 的值
b=f(10)+f(20)    '求 x 分别为 10 和 20 的表达式的和
```

调用无参数函数时，括号不能省略。

Function 函数过程调用的程序运行流程与 Sub 过程相同：先执行主程序中的语句；遇到函数调用语句则执行自定义函数过程，自定义函数过程执行结束后返回主程序并带回函数值；最后执行主程序余下的语句。

5.5.3　Function 过程的使用

【例 5.12】 组合数的公式为 $C_m^n = \dfrac{m!}{n!(m-n)!}$，编写计算组合数的程序，m、n 的值分别从键盘输入。

(1) 算法设计：因为该公式需要 3 次计算阶乘，所以把计算 x!编成函数过程，然后在 Form_Click()事件中调用该函数过程 3 次即可。

(2) 程序代码：

```
Private Function fac(x As Integer) As Integer
    Dim i As Integer, s As Integer
    s = 1
    For i = 2 To x
      s = s * i
    Next i
    fac = s
End Function
Private Sub Form_Click()
    Dim m%, n%
    m = InputBox("输入 m 的值")
    n = InputBox("输入 n 的值")
    Print fac(m) / (fac(n) * fac(m - n))
End Sub
```

若输入 n=5，m=3，则程序运行的结果为 10。

【例 5.13】 利用函数过程求大于 1500 的第一个素数。

(1) 算法设计：在循环内让 m 依次除以 2～m-1 的整数，如果遇到一个能整除 m 的数，可知 m 不是素数，即将 isprime 函数返回值设置为 False，并用 Exit Function 语句强制退出函数。如果一直除到 m-1 还没有遇到能整除 m 的数，即循环全部执行完并未提前退出，则证明 m 是素数，故将函数返回值 isprime 设置为 True。因此，可根据函数返回值 isprime 的真假来判断 m 是否为素数。

在 Form_Click 事件中，先计算出大于 1500 的第一个自然数，即 1501，通过调用函数 isprime 判断 1501 是否为素数，若是则找到大于 1500 的第一个素数，若函数 isprime 返回值为假则判断下一个自然数，直到函数 isprime 返回值为真，则求出大于 1500 的第一个素数。

(2) 程序代码：

```
Function isprime(a As Integer) As Boolean
    For i = 2 To m - 1
        If m Mod i = 0 Then
            isprime = False
            Exit Function
        End If
    Next
    isprime = True
End Function
Private Sub Form_Click()
    Dim a%
    a = 1500
    Do
        a = a + 1
        If isprime(a) Then Exit Do
    Loop
    Print a
End Sub
```

程序运行结果为 1511。

5.6 参数的传递

5.6.1 参数的传递方式

在过程定义的参数表中出现的参数称为形式参数。在调用过程语句或表达式中出现的参数称为实际参数。当调用过程时，调用语句中的实际参数就与定义过程语句中的形式参数在个数位置上一一对应起来，并以某种方式传递数据，这个过程称为参数传递。VB 中过程的参数传递有以下两种方式。

1．按地址传递参数(ByRef)

在过程定义语句中，如果形式参数前用关键字 ByRef 标记或者省略标记，则按地址传递参数。按地址传递参数在 VB 中是默认的。

按地址传递参数是将实际参数的地址赋值给形式参数，过程执行时，按内存变量地址去访问，即当形式参数改变的同时也改变实际参数的值。

2．按值传递参数(ByVal)

如果形式参数前用关键字 ByVal 标记，则按值传递参数。过程执行时，传递的只是实际参数的副本，即对形式参数操作，不会影响到实际参数的本身。

参数传递的两种方式如图 5.9 所示，实参 a 与形参 x 若按值传递，则形参 x 得到的是实参 a 的值，形参 x 的变化不会影响实参 a；即参数的传递是单向的；若按地址传递，形参 x 得到的是实参 a 的地址，形参 x 的改变也会改变实参 a，即 a 的值最终变化为与 x 一致，也就是说，参数的传递是双向的。

图 5.9　参数传递的两种方式

【例 5.14】　测试按地址传递参数与按值传递参数的区别。

```
Private Sub test(ByVal x As Integer, ByRef y As Integer)
  x = x +20
  y = y * 10
  Print "过程执行时 x ="; x; "  y ="; y
End Sub
Private Sub Form_Click()
  Dim a As Integer, b As Integer
  a = 5: b = 10
  Print "过程调用前 a="; a; "  b = "; b
  Call test(a, b)
  Print "过程调用后 a ="; a; "  b ="; b
End Sub
```

由于通用过程 test 的形参 x 的前面有关键字 ByVal，这对形参 x 而言，是按值传递参数，即在过程中 x 的值变化并不影响实参 a 的值；而形参 y 的前面有关键字 ByRef，是按地址传递参数，所以 y 的变化要影响 b 的值。程序运行结果如图 5.10 所示。

图 5.10   运行结果

【例 5.15】 编写自定义函数，求 5 的 1～5 次幂并将结果输出到窗体上。

```
Private Function power(x!, ByVal y As Integer) As Single
  Dim result As Single
  result = 1
  Do While y > 0
    result = result * x
    y = y - 1
  Loop
  power = result
End Function
Private Sub Form_Click()
  For i = 1 To 5
    r = power(5, i)
    Print "5的"; i; "次幂是: "; r
  Next i
End Sub
```

函数的参数传递方式与过程的参数传递方式一致，但是，函数名本身就是一个能够传递数据的特殊参数。函数中的形参 y 按值传递，y 表示 5 的 n 次幂，y 的变化不会影响 i。结果如图 5.11 所示。

从两种传递参数方式的特点可以总结出：当需要保护实际参数时，应采取按值传递，以防止实际参数被过程改变；当需要获取过程中的操作结果时，应该使用按地址传递方式。

图 5.11   运行结果

5.6.2   数组参数

当用数组作为过程的参数时，用的是"传地址"方式，而不是"传值"方式，即不把数组的各元素值一一传递给过程，而是把数组的起始地址传给过程，使过程中的数组与作为实参的数组具有相同起始地址。用数组作为过程的参数时，可以在数组名的后面加上一对括号，以免与普通变量相混淆。

【例 5.16】　编写程序，实现数组作为参数传递。

```
Sub P(b() As Integer)                      '数组b()被定义为形参
  For i = 1 To 4
    b(i) = 2 * i
  Next i
End Sub
Private Sub Form_Click()
  Dim a(1 To 4) As Integer
  a(1) = 5: a(2) = 6: a(3) = 7: a(4) = 8
  Call P(a())                              '调用过程p，以数组a()作为实参
  For i = 1 To 4
    Print a(i);
  Next i
End Sub
```

对数组参数的调用是按地址引用的，过程 P 的作用是将作为实际参数数组的元素重新赋值，因此输出结果为：2　4　6　8。

5.6.3　可选参数

在一般情况下，一个过程中的形式参数是固定的，调用时提供的实际参数也是固定的。在 VB 中，可以指定一个或多个参数作为可选参数。在调用时，可以有选择地传送不同的参数。

为了定义带可选参数的过程，必须在参数表中使用 Optional 关键字，并在过程体中通过 IsMissing 函数测试调用时是否传送可选参数。以下程序表示如果没有参数 z，则 n 为 x*y；如果有参数 z，则 n 为 x*y*z。

```
Sub multi(x%, y%, Optional z)
  n = x * y
  If Not IsMissing(z) Then
    n = n * z
  End If
  Print n
End Sub
```

上述过程有 3 个参数，前两个参数与普通过程中的书写格式相同，最后一个参数由关键字 Optional 指出，且没有指定数据类型，表明该参数是一个可选参数。

调用上面过程时，可以提供两个参数，也可以提供 3 个参数，都能得到正确结果。用下面的事件过程调用返回结果分别为 200 和 6000。

```
Private Sub Command1_Click()
  multi 10, 20
  Call multi(10, 20, 30)
End Sub
```

过程中如果有可选参数，则该参数必须在参数列表中最后出现，其类型必须是 Variant；通过 IsMissing 函数测试是否向可选参数传送实参值。IsMissing 函数的返回值为 Boolean 类型。在调用过程时，如果没有向可选参数传送实参，则 IsMissing 函数的返回值为 True；否则，返回值为 False。

5.6.4 对象参数

前面例子中一般是用常量或者变量作为参数传递过程中的参数，也可以将窗体、标签、命令按钮等对象作为参数进行过程调用。

1. 窗体参数

VB 中可以用数值、字符串、数组作为过程的参数，并可把这些类型的实参传送到过程，此外，还可以向过程传送对象，包括窗体和控件。

格式：

```
[Private|Public|Static] Sub<过程名>[(形式参数表)]
    过程语句
    [Exit Sub]
End Sub
```

说明：

(1) "形式参数表"中形参的类型通常为某种控件类名称(如 CommandButton、TextBox 等)或 Form，也可以使用 Control 来代表所有除了窗体外的其他控件。

(2) 对象只能通过传地址方式传送，因此不能在参数前加关键字 ByVal。

【例 5.17】 以下程序将窗体作为过程参数。

设一个工程由 2 个窗体组成，其名称分别为 Form1 和 Form2，在 Form1 上有 1 个名称为 Command1 的命令按钮。窗体 Form1 的程序代码如下。

```
Private Sub g(f As Form, x As Integer)
  y = IIf(x > 10, 100, -100)
  f.Show
  f.Caption = y
End Sub
Private Sub Command1_Click()
  Dim a As Integer
  a=10
  Call g(Form2,a)
End Sub
```

程序运行结果如图 5.12 所示，单击 form1 中的 Command1 按钮后显示 Form2，且 Form2 的 Caption 属性值为-100。

图 5.12　运行结果

2．控件参数

和窗体参数一样，控件参数也能作为通用过程的参数，但控件参数的使用比窗体参数要复杂。因为不同的控件所具有的属性不同，所以在用指定的控件调用通用过程时，如果通用过程中的属性不属于控件，则会发生错误。

【例 5.18】 窗体上有名称分别为 Text1、Text2 的 2 个文本框，下列程序能实现文本框 Text1 中输入的数据小于 500，文本框 Text2 中输入的数据小于 1000，否则重新输入。

```
Sub CheckInput(t As control, x As Integer)
  If Val(t.Text) > x Then
     MsgBox "请重新输入!"
  End If
End Sub
Private Sub Text1_LostFocus()
  Call CheckInput(Text1, 500)
End Sub
Private Sub Text2_LostFocus()
  Call CheckInput(Text2, 1000)
End Sub
```

自定义过程 CheckInput 中形式参数 t 的类型在本例中为 control，意为可以接收任何控件参数，也可以定义为具体控件的类型 TextBox，如果将形参表中定义为 t As TextBox，则表示 t 为文本框类型，只能接收文本框类型的控件参数。

5.7　多窗体程序设计

在编写 VB 程序时，经常需要创建多个窗体，窗体之间存在着调用关系。本节通过例题说明怎样在程序中组织多个窗体。

5.7.1　考试系统登录界面

【例 5.19】 建立考试系统登录界面。共包含 3 个窗体："登录"窗体、"答题"窗体和"提示"窗体。

要求：程序运行时，首先出现 Form1（"登录"窗体），输入准考证号和姓名，单击"开始登录"命令按钮，如果输入正确，则 Form1 卸载，Form2（"答题"窗体)显示；如果输入不正确，则 Form3("提示"窗体)以模式窗体显示，即只能对该窗体操作，在关闭该窗体之前不能操作其他窗体。单击"退出考试"命令按钮，结束程序运行。

Form2("答题"窗体)出现时，如果单击"返回登录界面"命令按钮，则 Form2 卸载，Form1("登录"窗体)显示。

Form3("提示"窗体)出现时，如果单击"重新输入"命令按钮，则 Form3 卸载；如果单击"退出考试"命令按钮，结束程序运行。

(1) 界面设计：新建工程，系统自动创建窗体 Form1。在资源管理器中空白处右击，选择"添加 | 添加窗体"命令，再添加 2 个窗体，分别为 Form2 和 Form3，在工程资源管理器中显示如图 5.13 所示。然后分别向每个窗体添加相应的控件。窗体、标签和命令按钮的 Caption 属性设置参考图 5.14～图 5.16。文本框的 Text 属性为空。

图 5.13　多窗体管理

图 5.14　"登录"窗体

图 5.15　"答题"窗体

图 5.16　"提示"窗体

(2) 程序代码如下。

Form1 代码：

```
Private Sub Command1_Click()          '"开始登录"按钮
    If Text1.Text = "1234" And Text2.Text = "abcd" Then
        Form2.Show
Unload Me
    Else
        Form3.Show 1                  ' Form3 显示为模式窗体，详见后文
    End If
End Sub
Private Sub Command2_Click()          '"退出考试"按钮
    End
End Sub
Private Sub Form_Activate()
```

```
    Text1.SetFocus
End Sub
```

Form2 代码：

```
Private Sub Command4_Click()        '"返回登录界面"按钮
    Form1.Show
Unload Me
End Sub
```

Form3 代码：

```
Private Sub Command1_Click()        '"重新输入"按钮
    Form1.Text1.Text = ""
    Form1.Text2.Text = ""
Unload Me
End Sub
Private Sub Command2_Click()        '"退出考试"按钮
    End
End Sub
```

小贴士

多窗体程序保存时会连续弹出多个保存对话框，用于保存所有窗体及工程文件，这些文件最好保存在相同路径下。另外，打开程序时必须从工程文件(vbp 文件)打开，才能同时加载工程中的多个窗体。

5.7.2 多窗体程序设计方法

1．窗体的建立

新建一个 VB 工程时，工程中只有一个窗体，默认名称为 Form1。如果想要添加新的窗体，可使用以下方法。

(1) 鼠标右击"工程资源管理器"的空白区域。

(2) 在弹出的快捷菜单中选择"添加 | 添加窗体"命令。

(3) 在弹出的"添加窗体"对话框中，选择"新建"选项卡。

(4) 选择想要添加的窗体类型后，单击"打开"按钮。

此时，在工程资源管理器窗口中可以看到新建的窗体。

也可以在"添加窗体"对话框中选择"现存"选项卡，然后添加一个已经存在的窗体文件。

2．窗体的移除

如果要移除窗体(如 Form1)，方法如下。

(1) 右击"工程资源管理器"窗口中的 Form1。

(2) 在弹出的快捷菜单中选择"移除 Form1"命令。

此时，窗体 Form1 被移出工程，但它并没有被删除，仍保存在原来的文件夹里。

新添加进来的窗体在程序中还不能直接使用。必须利用代码来调用每个窗体，一般一个窗体的调用要经历 5 个过程：加载—显示—使用—隐藏—卸载。

3．窗体的加载

将窗体加载到内存使用 Load 方法。

格式：Load [对象名]

功能：将窗体加载到内存。

小贴士

Load 方法只是把窗体加载到内存里，并不显示。若想显示窗体，应再使用 Show 命令。例如：

```
Load Form2        '加载 Form2
Form2.Show        '显示 Form2
```

4．窗体的显示

程序运行时第一个显示的窗体被称为启动窗体。启动窗体的显示是自动的，而其他窗体必须通过窗体的显示方法 Show 来显示。设置启动窗体的方法如下。

(1) 选择 "工程|工程属性"命令。

(2) 在弹出的"工程属性"对话框中，选择"通用"选项卡。

(3) 在此选项卡的"启动对象"下拉列表框中，选择一个窗体作为启动窗体，单击"确定"按钮。

格式：

```
[对象名].Show    或 [对象名].show 0    '显示为无模式窗体
[对象名].Visible = True                '显示为无模式窗体
[对象名].Show 1                        '显示为模式窗体
```

功能：加载并显示窗体。

小贴士

(1) 如果调用 Show 方法时，指定的窗体还没有加载，则 VB 会自动加载该窗体。

(2) 显示的窗体分为两种：无模式窗体和模式窗体。具体区别为：当显示模式窗体时，不能对其他窗体进行操作，显示窗体命令之后的代码直到该窗体被隐藏或卸载时才能执行；而显示无模式窗体时，可以同时对其他窗体进行任何操作，并继续执行显示窗体命令之后的代码。

例如，在例 5.19 中显示 Form3 的代码为：

Form3.Show 1

Form3 被显示为模式窗体，即只有单击窗体上命令按钮将其卸载以后才可以进行其他操作。

5．窗体的隐藏

隐藏窗体利用 Hide 方法。

格式：[对象名].Hide 或 [对象名].Visible = False

说明：使用 Hide 方法隐藏窗体时，窗体从屏幕上消失，同时窗体的 Visible 属性自动设置为 False。当 Visible 属性重新设置为 True 时，窗体会重新显示出来。使用 Hide 方法只能隐藏窗体，不能将窗体卸载。如果调用 Hide 方法时该窗体还没有加载，那么 Hide 方法会自动加载该窗体，但不予以显示。例如：

```
Form1.Hide                    '隐藏 Form1
```

6．窗体的卸载

卸载窗体用 Unload 方法。

格式：Unload [对象名]

功能：隐藏窗体同时将窗体从内存中卸载。例如：

```
Unload Form1                  '卸载 Form1
Unload Me                     '卸载当前窗体
```

5.7.3 Sub Main 过程

在一个含有多个窗体或多个工程的应用程序中，有时候需要一个独立的事件过程，对这些窗体进行初始化，这就需要在启动程序时首先执行这个特定的过程。在 VB 中，这样的过程称为启动过程，并命名为 Sub Main。

Sub Main 过程要在标准模块中建立。添加标准模块的方法是：打开"工程"菜单中的"添加模块"命令，选择"新建"选项卡中的"模块"，单击"打开"按钮，进入代码窗口，在该窗口中输入 Sub Main 后按 Enter 键，则在代码编辑窗口将自动产生 Sub Main 过程的开头和结束语句。

```
Sub Main()
…
End Sub
```

随后即可在两条语句之间编辑该过程中的程序代码。

VB 并不自动把 Sub Main 过程作为启动过程，必须通过相应的设置才能把它作为启动过程，方法与设置启动窗体类似。如果把 Sub Main 指定为启动过程，则该过程就先于所有窗体模块而首先被执行。因此，在 Sub Main 过程中常用来设定初始化条件，并可以在 Sub Main 过程中指定其他过程的执行顺序。

例如，将例 5.19 的 Form2 设置为启动窗体，可以在 Sub Main 过程中添加代码：

```
Sub Main()
    Form2.Show
End sub
```

选择"工程|工程属性"命令，选择"通用"选项卡，在"启动对象"列表框中选择

Sub Main。这样，程序运行时先启动 Sub Main 过程，通过执行 Sub Main 过程的代码来显示 Form2。

总的来说，Sub Main 过程有如下特点。

(1) 每个工程中最多只能有一个 Sub Main 过程。

(2) Sub Main 过程可以被设置为工程的启动对象。

(3) Sub Main 过程只能在标准模块中定义。

小贴士

(1) 使用多重窗体可以把复杂的问题按窗体划分为相对简单的问题。但是，窗体的数量应适当，过多地使用窗体，会降低程序的运行效率。

(2) 一般情况下，屏幕上同一时间只显示一个窗体，即当前窗体。其他窗体或被隐藏或被卸载。注意：被隐藏的窗体虽然在屏幕上不可见，但其有关信息仍驻留在内存中，占用系统的资源。因此，应及时卸载不再使用的窗体，以释放其所占用的资源。

(3) 在程序代码中，对当前窗体中的控件进行引用时，可以直接使用控件名对控件进行访问。而引用其他窗体上的控件时，应在控件名前写明该控件所在的窗体的名称，以免产生二义性，如例 5.19 中，在 Form3 中设置 Form1 文本框的 Text 属性，代码为：

```
Form1.Text1.Text = ""
Form1.Text2.Text = ""
```

(4) 关键字 Me 代表代码所在的窗体，在例 5.19 中窗体模块 Form1 的程序代码中，要卸载 Form1，可以使用语句：Unload Form1 或 Unload Me。

5.8 变量的作用域

VB 应用程序包括 3 种模块，即窗体模块、标准模块和类模块。本书只讨论窗体模块和标准模块。窗体模块包括声明部分、事件过程和通用过程；标准模块包括声明部分和通用过程。VB 应用程序的构成如图 5.17 所示。

图 5.17 VB 应用程序的构成

定义变量时，使用不同的语句来定义变量或者定义变量语句的位置不同，变量的作用范围是不同的，变量的作用范围又称作变量的作用域。在 VB 中，按作用范围的不同将变量分为 3 类：局部变量、模块变量和全局变量。

5.8.1　局部变量

局部变量分为两种：一是未经声明直接使用的变量，或者叫作隐式声明的变量；二是在某个过程中，使用关键字 Dim 或者 Static 语句在变量使用前声明的变量。局部变量只能用在某个事件过程或者通用过程的内部，其他过程读取不到该变量的值。例如使用下面程序段来求半径为 5 的圆的周长和面积：

```
Option Explicit
Private Sub Command1_Click()
  Dim pi As Single
  pi = 3.14159
  Print 2 * pi*5
End Sub
Private Sub Command2_Click()
  Print pi *5 ^ 2
End Sub
```

Option Explicit 语句写在通用声明处，表明该过程中用到的变量必须提前定义，不得隐式声明。运行程序，单击 Command1 时，可以求出结果 31.4159，单击 Command2 时，会显示一个"变量未定义"错误。如图 5.18 所示。单击"确定"按钮后，Command2 中的 pi 变量被选中。可以看出，虽然 pi 变量在 Command1 中定义过了，但是只能用在 Command1 的单击事件过程中，Command2 按钮的单击事件并不识别 pi 变量。如果把通用声明处的 Option Explicit 语句去掉，在单击 Command2 时不会出错，而显示 0，是因为单击 Command2 时，pi 被隐式声明为变体型变量，当参与到数学运算时，会转为数值 0，从而使表达式 pi *5 ^ 2 的结果为0。所以，即使变量可以不经过定义直接使用，Command2 中的变量 pi 与 Command1 中的变量 pi 也并不是同一个变量。

图 5.18　"变量未定义"错误

【例 5.20】　使用 Dim 语句和 Static 语句定义变量的区别。

```
Private Sub Command1_Click()
  Dim x As Integer
  Static y As Integer
  x = x + 1
  y = y + 1
  Print "x="; x, "y="; y
End Sub
Private Sub Command2_Click()
  Print "x="; x, "y="; y
End Sub
```

运行程序，单击 5 次 Command 1，程序结果如图 5.19 所示。如果单击 Command 2，程序结果如图 5.20 所示。

图 5.19　单击 5 次 Command1

图 5.20　单击 2 次 Command2

使用 Dim 语句定义的变量，属于动态变量，变量在定义时产生，系统根据变量的类型分配存储单元；当过程结束时，变量占用的存储单元被释放，即变量消失。所以使用 Dim 语句定义的变量 x 在每一次单击按钮时都会重新被定义为整型数据，而整型数据的初始值为 0，经过加 1 操作变为 1，而在 Command1 的单击过程结束时，变量 x 消失。x 值不会进行累计。

用 Static 语句定义的变量被称为静态变量，一经定义，存储单元一直存在，直到程序运行结束。静态变量能保存上次过程运行的结果。所以在该例题中，每次单击按钮，使用 Static 语句定义的变量 y 的值都会经过 y=y+1 语句而加上 1。

当单击按钮 Command2 时，变量 x 和变量 y 都没有值，是因为在 Command2 中的变量 x 和 y 并没有定义，隐式声明为变体型变量，变量没有经过运算，所以初始值为空值，没有任何显示。可以看出，不管是使用 Dim 语句还是 Static 语句，在过程内部定义的变量的值不会被其他的过程所识别，是局部变量。

5.8.2　模块变量

在模块的声明段中，用关键字 Dim 或 Private 声明的变量就是模块变量。模块变量在模块产生时被定义，该模块结束时被释放掉，作用范围是所在模块的所有过程，即该模块中的所有过程都可以读取到模块变量的值。定义模块变量时，Dim 与 Private 没有区别，但使用 Private 更好一些，因为便于区分局部变量，从而增加代码的可读性。

【例 5.21】 制作一个可以调节窗体颜色的滚动条。

(1) 界面设计：窗体上添加水平滚动条 HScroll1 和命令按钮 Command1，在属性窗口中设置 HScroll1 的 Min 和 Max 属性分别为 0 和 15。界面设计如图 5.21 所示。

图 5.21　界面设计

(2) 程序代码：

```
Private Sub HScroll1_Change()
 Dim c As Integer
  c = HScroll1.Value
End Sub
Private Sub Command1_Click()
  Form1.BackColor = QBColor(c)
End Sub
```

QBColor 函数括号内使用一个数值型参数，参数范围为 0 到 15，可以产生 16 种常见的颜色，如 0 号为黑色，1 号为蓝色，15 号为白色，等等。

运行程序后会发现，无论怎么拖动滚动条，当单击按钮时，窗体始终会变为黑色，而不随着滚动条的变化而发生颜色变化。这是因为水平滚动条的 Change 事件中定义的变量 c 只能在本事件中使用，而不能被按钮 Command1 的单击事件所识别。Command1 中所使用的变量 c 实际上是一个隐式声明的变体型变量，作为 QBColor 函数的参数时，转化为数值 0，所以每次单击按钮，窗体都会是黑颜色的。

很多时候需要将不同过程中的同名变量当作一个变量来使用，只需要将该变量在通用声明处定义为模块变量。程序代码：

```
Dim c As Integer
Private Sub HScroll1_Change()
 c = HScroll1.Value
End Sub
Private Sub Command1_Click()
 Form1.BackColor = QBColor(c)
End Sub
```

再次运行程序，由于 c 被定义为模块变量，滚动条和按钮中的变量 c 实际上是同一个变量，在滚动条发生变化引起变量 c 值改变以后可以被按钮所识别，所以窗体颜色会发生变化。

5.8.3　全局变量

在标准模块的声明段中，用关键字 Public 或 Global 声明的变量就是全局变量。全局变量的作用范围是整个工程的所有模块和过程。

3 种变量的区别如表 5.2 所示。

表 5.2　3 种变量作用范围对照表

名　称	作用范围	声明位置	使用语句
局部变量	过程内部	过程中	Dim 或 Static
模块变量	窗体模块或标准模块	模块的声明部分	Dim 或 Private
全局变量	整个工程	标准模块的声明部分	Public 或 Global

在 VB 中，允许不同作用范围的同名变量存在，即可以有全局变量 x，同时在某个某块中也可以使用模块变量 x，在该模块的某个过程中也可以使用局部变量 x。当这种情况发生时，作用范围小的变量优先使用。

本章小结

本章介绍了 VB 数组和过程两个概念以及变量的作用范围。数组是同名但下标不同的一系列变量，有上界和下界，可以通过循环访问每个元素。可以定义固定大小的静态数组，也可以定义能改变数组元素个数的动态数组。由控件组成的数组称为控件数组。复杂的程序可以将其按功能定义为过程，使程序更容易设计、编写和调试。VB 中的过程包括通用过程、函数过程和事件过程、多窗体的加载和卸载及 Sub Main 过程。变量根据作用范围的不同分为 3 类：局部变量、模块变量和全局变量。

习　　题

一、选择题

1. 默认情况下，下面声明的数组的元素个数是_____。

```
Dim a(5, -2 To 2)
```

  A. 20　　　　　　　　B. 24　　　　　　　C. 25　　　　　　　D. 30

2. 在窗体上画一个命令按钮(其名称为 Command1)，然后编写如下代码：

```
Private Sub Command1_Click()
  Dim a
  a = Array(1, 2, 3, 4)
  i = 3: j = 1
  Do While i >= 0
    s = s + a(i) * j
    i = i - 1
    j = j * 10
  Loop
  Print s
End Sub
```

运行上面的程序，单击命令按钮，则输出结果是_____。

  A. 4321　　　　　B. 123　　　　　　C. 234　　　　　　D. 1234

3. 阅读程序：

```
Private Sub Command1_Click()
  Dim arr
  Dim i As Integer
```

```
    arr = Array(0, 1, 2, 3, 4, 5, 6, 7, 8, 9, 10)
    For i = 0 To 2
      Print arr(7 - i);
    Next
End Sub
```

程序运行后，窗体上显示的是_____。

  A. 8 7 6   B. 7 6 5

  C. 6 5 4   D. 5 4 3

4. 在窗体上画一个名为 Command1 的命令按钮，然后编写以下程序：

```
Private Sub Command1_Click()
    Dim a(10) As Integer
    For k = 10 To 1 Step -1
      a(k) = 20 - 2 * k
    Next k
    k = k + 7
    Print a(k - a(k))
End Sub
```

运行程序，单击命令按钮，输出结果是_____。

  A. 18   B. 12   C. 8   D. 6

5. 窗体上有一个名为 Command1 的命令按钮，并有如下程序：

```
Private Sub Command1_Click()
  Dim a(10), x%
    For k=1 To 10
        a(k)=Int(Rnd*90+10)
        x=x+a(k) Mod 2
    Next k
Print x
End Sub
```

程序运行后，单击命令按钮，输出结果是_____。

  A. 10 个数中奇数的个数   B. 10 个数中偶数的个数

  C. 10 个数中奇数的累加和   D. 10 个数中偶数的累加和

6. 请阅读程序：

```
Option Base 1
Private Sub Form_Click()
    Dim Arr(4, 4) As Integer
    For i = 1 To 4
      For j = i To 4
        Arr(i, j) = (i - 1) * 2 + j
      Next j
    Next i
    For i = 3 To 4
      For j = 3 To 4
        Print Arr(j, i);
```

```
        Next j
         Print
      Next i
End Sub
```

程序运行后，单击窗体，则输出结果是_____。

A. 5　7　　　　　　　　　　B. 6　8
　　6　8　　　　　　　　　　　7　9

C. 7　9　　　　　　　　　　D. 8　10
　　8　10　　　　　　　　　　8　11

7. 设有如下程序段:

```
Dim a(10)
  ...
For Each x In a
  Print x;
Next x
```

在上面的程序段中，变量x必须是_____。

A. 整型变量　　　　　　　　B. 变体型变量

C. 动态数组　　　　　　　　D. 静态数组

8. 下面正确使用动态数组的是_____。

A. `Dim arr() As Integer`　　　B. `Dim arr() As Integer`
　　`...`　　　　　　　　　　　　　`...`
　　`ReDim arr(3,5)`　　　　　　`ReDim arr(50)As String`

C. `Dim arr()`　　　　　　　　D. `Dim arr(50) As Integer`
　　`...`　　　　　　　　　　　　　`...`
　　`ReDim arr(50) As Integer`　`ReDim arr(20)`

9. 下面关于标准模块的叙述中错误的是_____。

A. 标准模块中可以声明全局变量

B. 标准模块中可以包含一个 Sub Main 过程，但此过程不能被设置为启动过程

C. 标准模块中可以包含一些 Public 过程

D. 一个工程中可以含有多个标准模块

10. 下面是求最大公约数的函数的首部:

```
Function gcd(ByVal x As Integer, ByVal y As Integer) As Integer
```

若要输出8、12、16这3个数的最大公约数，下面正确的语句是_____。

A. Print gcd(8,12)，gcd(12,16)，gcd(16,8)

B. Print gcd(8,12,16)

C. Print gcd(8)，gcd(12)，gcd(16)

D. Print gcd(8,gcd(12,16))

11. 窗体上有 1 个 Text1 文本框，1 个 Command1 命令按钮，并有以下程序：

```
Private Sub Commandl_Click()
    Dim n
    If Text1.Text<>"23456" Then
            n=n+1
            Print "口令输入错误" & n & "次"
    End If
End Sub
```

希望程序运行时得到图 5.22 所示的效果，即输入口令，单击 Command 1 命令按钮，若输入的口令不是 123456，则在窗体上显示输入错误口令的次数。但上面的程序实际显示的是图 5.23 所示的效果，程序需要修改。下面修改方案中正确的是_____。

    A. 在 Dim n 语句的下面添加一句：n=0

    B. 把 Print "口令输入错误" & n & "次"改为 Print "口令输入错误" +n+"次"

    C. 把 Print "口令输入错误" & n & "次"改为 Print "口令输入错误"&Str(n)&"次"

    D. 把 Dim n 改为 Static n

图 5.22　目标运行结果

图 5.23　实际运行结果

12. 以下关于局部变量的叙述中错误的是_____。

    A. 在过程中用 Dim 语句或 Static 语句声明的变量是局部变量

    B. 局部变量的作用域是它所在的过程

    C. 在过程中用 Static 语句声明的变量是静态局部变量

    D. 过程执行完毕，该过程中用 Dim 或 Static 语句声明的变量即被释放

13. Fibonacci 数列的规律是：前 2 个数为 1，从第 3 个数开始，每个数是它前 2 个数之和，即 1，1，2，3，5，8，13，21，34，55，89，…。某人编写了下面的函数，判断大于 1 的整数 x 是否是 Fibonacci 数列中的某个数。若是，则返回 True；否则，返回 False。

```
Function Isfab(x As Integer) As Boolean
    Dim a As Integer, b As Integer, c As Integer, flag As Boolean
    flag=False
    a=1: b=1
    Do While x<b
        c=a+b
        a=b
        b=c
        If x=b Then flag=True
```

```
      Loop
      Isfab=flag
End Function
```

测试时发现对于所有正整数 x，函数都返回 False，程序需要修改。下面的修改方案中正确的是_____。

    A. 把 a=b 与 b=c 的位置互换

    B. 把 c=a+b 移到 b=c 之后

    C. 把 Do While x<b 改为 Do While x>b

    D. 把 if x=b Then flag=True 改为 If x=a Then flag=True

14. 下面函数的功能应该是：删除字符串 str 中所有与变量 ch 相同的字符，并返回删除后的结果。例如，若 str= "ABCDABCD"，ch= "B"，则函数的返回值为："ACDACD"。

```
Function delchar(str As String, ch As String)As String
    Dim k As Integer, temp As String, ret As String
    ret=""
    For k=1 To Len(str)
        temp=Mid(str,k,1)
        If temp= ch Then
            ret=ret & temp
        End If
    Next k
    delchar=ret
End Function
```

但实际上函数有错误，需要修改。下面的修改方案中正确的是_____。

    A. 把 ret=ret & temp 改为 ret=temp

    B. 把 If temp=ch Then 改为 If temp<>ch Then

    C. 把 delchar=ret 改为 delchar=temp

    D. 把 ret =""改为 temp=""

15. 窗体上有一个名为 Command1 的命令按钮，并有如下程序：

```
Private Sub Command1_Click()
    Dim a As Integer, b As Integer
    a = 8
    b = 12
    Print Fun(a, b); a; b
End Sub
Private Function Fun(ByVal a As Integer, b As Integer) As Integer
    a = a Mod 5
    b = b \ 5
    Fun = a
End Function
```

程序运行时，单击命令按钮，则输出结果是_____。

    A. 3 3 2   B. 3 8 2

    C. 8 8 12   D. 3 8 12

二、填空题

1. 以下程序的功能是：先将随机产生的 10 个不同的整数放入数组 a 中，再将这 10 个数按升序方式输出。请填空。

```
Private Sub Form_Click()
    Dim a(10) As Integer, i As Integer
    Randomize
    i = 0
    Do
      num = Int(Rnd * 90) + 10
      For j = 1 To I  '检查新产生的随机数是否与以前的相同，相同的无效
        If num = a(j) Then
            Exit For
        End If
      Next j
      If j > i Then
        i = i + 1
        a(i) =  [1]
      End If
    Loop While i < 10
    For i = 1 To 9
      For j =  [2]  To 10
        if a(i)>a(j) then temp =a(i) ; a(i)=a(j) ;  [3]
      Next j
    Next i
    For i = 1 To 10
      Print a(i)
    Next i
End Sub
```

2. 以下程序的功能是：用 Array 函数建立一个含有 8 个元素的数组，然后查找并输出该数组中元素的最大值，请填空。

```
Option Base 1
Private Sub Command1_Click()
  Dim arr1, Max as Integer
  arr1 = Array(12, 435, 76, 24, 78, 54, 866, 43)
   [4] = arr1(1)
  For i = 1 To 8
      If arr1(i) > Max Then  [5]
  Next i
  Print "最大值是: "; Max
End Sub
```

3. 在窗体上画 1 个名称为 Text1 的文本框，然后画 3 个单选按钮，并用这 3 个单选按钮建立一个控件数组，名称为 Option1，程序运行后，如果单击某个单选按钮，则文本框中的字体将根据所选择的单选按钮切换，请填空。

```
Private Sub Option1_Click(Index As Integer)
```

```
   Select Case   [6]
      Case 0
         a = "宋体"
      Case 1
         a = "黑体"
      Case 2
         a = "隶书"
   End Select
   text1.  [7]  =a
End Sub
```

4. 在窗体上画 1 个名称为 Command1 的命令按钮，然后编写如下程序：

```
Option Base 1
Private Sub Command1_Click()
   Dim a(10) As Integer
   For i=1 To 10
      a(i)=i
   Next
   Call swap (  [8]  )
   For i=1 To 10
      Print a(i);
   Next
End Sub
Sub swap(b() As Integer)
   n=Ubound(b)
   For i=1 To n / 2
t=b(i)
b(i)=b(n)
b(n)=t
    [9]
   Next
End Sub
```

上述程序的功能是，通过调用过程 swap，调换数组中数值的存放位置，即 a(1)与 a(10)的值互换，a(2)与 a(9)的值互换……请填空。

5. 窗体上有 1 个名称为 Text1 的文本框和 1 个命令 Command1。函数 fun 及命令按钮的单击事件过程如下，请填空。

```
Private Sub Command1_Click()
   Dim x As Integer
   x=Val(InputBox("输入数据"))
   Text1=Str(fun(x)+fun(x)+fun(x))
End Sub
Private Function fun(ByRef n As Integer)
   If n Mod 3=0 Then
      n=n+n
   Else
      n=n*n
   End If
```

```
    [10]  =n
End Function
```

当单击命令按钮，在输入框中输入 2 时，文本框中显示的是 [11] 。

6. 在窗体上有 1 个名称为 Command1 的命令按钮，并有如下事件过程和函数过程。

```
Private Sub Command1_Click()
  Dim p As Integer
  p = m(1) + m(2) + m(3)
  Print p
End Sub
Private Function m(n As Integer) As Integer
  Static s As Integer
  For k = 1 To n
    s = s + 1
  Next
  m = s
End Function
```

运行程序，单击命令按钮 Command1 后的输出结果为 [12] 。

随身课堂

高级语言程序设计——Visual Basic

微信扫天下　课程掌中观

本章二维码

第6章 键盘鼠标事件与菜单设计

核心概念 ⌄

KeyDown、KeyPress、KeyUp、MouseDown、MouseUp、MouseMove、下拉式菜单、弹出式菜单

6.1 鼠标键盘事件

引导案例1

利用鼠标键盘事件设计小鸡吃虫的游戏(见图 6.1)。

程序运行后，单击鼠标，小虫将会移动到鼠标指针所在位置，按下键盘的上、下、左、右方向键则小鸡将会进行相应的移动。当小鸡图像与小虫图像重合时，小虫图片消失，提示小鸡成功吃到小虫。

图 6.1 程序运行界面

案例导学 1

小虫移动到鼠标指针所在位置，这需要使用鼠标事件，可以获取鼠标当前位置信息；按上、下、左、右方向键移动小鸡，这是键盘事件，通过键盘事件可以识别出用户按了哪个键，再决定小鸡的运动方向。通过小鸡和小虫图片框的位置来判断是否吃到了小虫，当小鸡图像与小虫图像重合时，小虫图片消失，提示小鸡成功吃到小虫。程序演示及编写过程详见本章二维码资源。

程序运行时可以识别单击、双击这些事件，但是如果我们要识别用户按下了鼠标的哪个键，就不能用单击、双击这种事件了，需要用到鼠标事件。鼠标事件包括 MouseDown、MouseUp 和 MouseMove，这些事件也可以识别按下鼠标的同时是否按下了键盘上的组合键。

键盘事件包括 KeyDown、KeyPress 和 KeyUp 事件。当一个对象具有焦点时，用户按下并释放键盘按键，会先后依次触发 KeyDown、KeyPress 和 KeyUp 事件。如果要识别组合键、功能键、光标移动键、小键盘(数字键盘)上的按键，就要对输入字符进行判断和筛选，那么必须使用键盘事件。

6.1.1　键盘事件

因为窗体和文本框控件本身已经具备了处理按键的功能，所以在一般情况下可以不必编写键盘事件过程。但是，如果要识别组合键、功能键、指针移动键、小键盘(数字键盘)上的按键，就要对输入字符进行判断和筛选，那么必须使用键盘事件。

键盘事件包括 KeyDown、KeyPress 和 KeyUp 事件。当一个对象具有焦点时，用户按下并释放键盘按键，会先后依次触发 KeyDown、KeyPress 和 KeyUp 事件。

1. KeyDown 事件、KeyUp 事件

当一个对象具有焦点时，用户按下键盘按键触发 KeyDown 事件；释放键盘按键触发 KeyUp 事件。具有这两个事件的对象有窗体、命令按钮、文本框、复选框、列表框、组合框、滚动条和图片框。

事件过程的格式：

```
Private Sub Object_KeyDown(KeyCode As Integer,Shift As Integer)
Private Sub Object_KeyUp(KeyCode As Integer,Shift As Integer)
```

说明：

(1)　其中的 Object 是窗体或控件名。

(2)　事件过程有两个参数。

①　KeyCode 是一个整型参数，表示按键的代码。键盘上的每一个按键都有其相应的键代码，VB 还为每个键代码声明了一个内部常量。例如，F1 键的键代码为 112，内部常量为 vbKeyF1；Home 键的键代码为 36，内部常量为 vbKeyHome。其中，键盘上的字母键

和数字键的键代码与其对应的 ASCII 码值相同。需要注意的是：对于字母键 KeyCode 无法区分其大小写形式，一律返回其大写形式的 ASCII 码值。

② Shift 是一个整型参数，表示在按下一个键时，是否同时按下了 Shift、Ctrl 和 Alt 等控制键。此参数为 1 时，表示同时按下了 Shift 键；为 2 时，表示同时按下了 Ctrl 键；为 4 时，表示同时按下了 Alt 键。当这 3 个键中有不止 1 个键被同时按下，则 Shift 参数是相应数值之和，如表 6.1 所示。

表 6.1 Shift 参数的值

按　键	Shift 参数值(十进制)	Shift 参数值(二进制)
没有按下转换键	0	000
按下 Shift 键	1	001
按下 Ctrl 键	2	010
按下 Shift+Ctrl 键	3	011
按下 Alt 键	4	100
按下 Alt+Shift 键	5	101
按下 Alt+Ctrl 键	6	110
按下 Alt+Ctrl+Shift 键	7	111

【例 6.1】 编写程序，用来测试在文本框 Text1 中按下功能键 F1 时，同时又按下了控制键(Alt、Shift 和 Ctrl 键)中的哪一个。

在窗体中添加 1 个文本框，将其 Text 属性设置为空。

程序代码如下。

```
Private Sub Text1_KeyDown(KeyCode As Integer, Shift As Integer)
    Dim Str1 As String
    If KeyCode = vbKeyF1 Then
        Select Case Shift
            Case 1
                Str1 = "Shift+"
            Case 2
                Str1 = "Ctrl+"
            Case 4
                Str1 = "Alt+"
            Case Else
                Str1 = ""
        End Select
        Text1.Text = "您按了" & Str1 & "F1 键"
    Else
        Text1.Text = ""
    End If
End Sub
```

当程序运行时，如果在已经按下控制键 Ctrl 的情况下，再按功能键 F1，则程序运行结果如图 6.2 所示。

2. KeyPress 事件

支持 KeyPress 事件的对象有窗体、命令按钮、文本框、复选框、单选按钮、列表框、组合框、滚动条和图片框。当按下键盘上的一个可打印字符键(字母、数字和符号)时，触发该事件。

图 6.2　程序运行界面

格式：Private Sub Object_KeyPress(KeyAscii As Integer)

说明：

(1)　Object 是窗体或控件名。

(2)　整型参数 KeyAscii 传递的是按键字符的 ASCII 码，即可以区分按键字符的大小写状态，按键字符的大小写状态不同返回的 ASCII 码也不同。

(3)　KeyPress 事件仅可以接收可打印的键盘字符和为数很少的几个功能键，如Enter(回车键)和 BackSpace(退格键)。如果要处理无法被 KeyPress 接收的其他按键，应该使用 KeyDown、Keyup 事件。

(4)　在 KeyPress 事件过程中，如果改变 KeyAscii 的值，则会改变实际输入的字符。特殊情况下，将 KeyAscii 参数改变为 0 时可取消按键，这样对象便接收不到字符了。另外，可以使用 Chr(KeyAscii)函数将 KeyAscii 参数转变为一个字符。

(5)　窗体中具有焦点的对象首先接收 KeyPress 事件。窗体只有在没有可见或有效的控件，或 KeyPreview 属性被设置为 True 时，才能接收该事件。

【例 6.2】　设计只允许在文本框中输入数字(0~9)的程序。

```
Private Sub Text1_KeyPress(KeyAscii As Integer)
  If Key Ascii < 48 or KeyAscii > 57 Then
    KeyAscii=0
  End If
End Sub
```

其中，48 是 0 的 ASCII 码，57 是 9 的 ASCII 码。

【例 6.3】　设计程序，将文本框 Text1 中输入的字符追加到文本框 Text2 当前内容的末尾。其中，Chr(KeyAscii)函数用来将 KeyAscii 转换为字符。

```
Private Sub Text1_KeyPress(KeyAscii As Integer)
  Text2.Text=Text2.Text & Chr(KeyAscii)
End Sub
```

【例 6.4】　将输入到文本框中的所有字符都强制转换为大写字符。

问题分析：可以使用 Keypress 事件将每个字符转换为大写。

```
Private Sub Text1_KeyPress(KeyAscii As Integer)
  KeyAscii = Asc(UCase(Chr(KeyAscii)))
End Sub
```

这里通过设置 KeyAscii 参数，返回转换后的大写字符的 ASCII 码值。Chr 函数将

ASCII 码转换成对应的字符，UCase 函数将字符转换为大写，Asc 函数将字符转化为 ASCII 码。

3. KeyPreview 属性

窗体有 KeyPreview 属性，当此属性被设置为 True 时，窗体先于该窗体上的控件接收到键盘事件。可以利用此属性，编制窗体的键盘处理程序。

【例 6.5】 编写测试 KeyPreview 属性的程序。

项目设计：将窗体的 KeyPreview 属性设置为 True，然后添加 1 个文本框。程序代码如下。

```
Private Sub Form_KeyDown(KeyCode As Integer, Shift As Integer)
    Print "发生窗体键盘事件"
End Sub
Private Sub Text1_KeyDown(KeyCode As Integer, Shift As Integer)
    Print "发生文本框键盘事件"
End Sub
```

程序运行过程中，当在文本框中输入一个字符时，将首先触发窗体的 KeyDown 事件，运行结果如图 6.3 所示。

图 6.3 程序运行界面

6.1.2 鼠标事件

前面章节中讲到过窗体与各种控件的 Click 事件和 DblClick 事件。这两个事件不能确定用户是在对象的什么位置上单击鼠标，也不能确定用户单击的是鼠标上的哪个键(左、右、中键)，更不能确定在单击鼠标时是否同时按下了键盘上的某个控制键(如 Ctrl、Shift 和 Alt 键)。要在程序中得到上面所述信息，就必须利用鼠标事件。常用的鼠标事件有 MouseDown、MouseUp、MouseMove。

1. MouseDown 事件、MouseUp 事件、MouseMove 事件

具有这 3 个事件的对象有窗体、图片框、图像框、命令按钮、标签、文本框、框架、复选框、单选按钮和列表框。当用户在这些对象上按下鼠标键时，将触发 MouseDown 事

件；释放鼠标键时，将触发 MouseUp 事件；移动鼠标时，将触发 MouseMove 事件。

格式：

```
Private Sub Object_MouseDown(Button As Integer, Shift As Integer, X As
Single, Y As Single)
End Sub
Private Sub Object _MouseUp(Button As Integer, Shift As Integer, X As
Single, Y As Single)
End Sub
Private Sub Object _MouseMove(Button As Integer, Shift As Integer, X As
Single, Y As Single)
End Sub
```

说明：

(1)　其中的 Object 是窗体或控件对象。

(2)　过程参数的取值与意义。

①　Button 参数：Button 参数值是一个整数，表示鼠标事件发生时按下的是哪个鼠标键。

1—左键。

2—右键。

4—中键。

对于 MouseMove 事件，事件发生时，可能同时有 2 个或 3 个鼠标键按下，这时 Button 参数是相应按键值的和。例如，如果 MouseMove 事件发生时，左键和右键都被按下，则参数 Button 传递的值是 3。因为当移动鼠标时，可以不按下任何鼠标键，所以对于 MouseMove 事件，这个参数可以为 0。

②　Shift 参数：Shift 参数值是一个整数，表示鼠标事件发生时，键盘上的哪个控制键同时被按下。

1—Shift 键。

2—Ctrl 键。

4—Alt 键。

如果同时有 2 个或 3 个控制键被按下，则 Shift 参数值是相应按键值的和。

③　X 参数、Y 参数：X 参数和 Y 参数都为单精度数值，表示鼠标事件发生时，鼠标指针热点所处位置的坐标。

应该注意的是，当移动鼠标时，会不断发生 MouseMove 事件。在相同的距离上，鼠标移动的速度越快，产生的 MouseMove 事件就越少。

【例 6.6】　设计具有以下功能的程序。

(1)　鼠标移动时，显示鼠标指针当前坐标值。

(2)　在窗体某个位置单击鼠标左键时，以该位置为圆心，500 为半径画圆。

(3)　在单击鼠标的同时如果按下 Shift 键，则圆显示为红色；按下 Ctrl 键，显示为绿色；按下 Alt 键，显示为蓝色。

项目设计：在窗体上添加1个标签，名称为Label1。

程序代码如下。

```
Private Sub Form_MouseDown(Button As Integer, Shift As Integer,_
X As Single, Y As Single)
  Dim color As Long
  If Button = 1 Then
    Select Case Shift
      Case 0
        color = RGB(0, 0, 0)              '黑
      Case 1
        color = RGB(255, 0, 0)            '红
      Case 2
        color = RGB(0, 255, 0)            '绿
      Case 4
        color = RGB(0, 0, 255)            '蓝
    End Select
    Form1.Circle (X, Y), 500, color       '画圆
End If
End Sub
Private Sub Form_MouseMove(Button As Integer, Shift As Integer,_
X As Single, Y As Single)
  '在标签中显示当前坐标值
Label1.Caption = "(" + Str(X) + "," + Str(Y) + ")"
End Sub
```

程序运行结果如图6.4所示。程序中使用了图形方法Circle，其使用方法请参阅4.4节内容。

图6.4 程序运行结果

2. 鼠标指针的形状

窗体和多数控件对象都具有MousePointer、MouseIcon属性。

MousePointer属性用来指定鼠标指针的形状。它的取值如表6.2所示。

表 6.2　设置鼠标指针形状(MousePointer 属性)

属 性 值	常　量	鼠标指针的形状
0	vbDefault	形状由对象决定(默认值)
1	vbArrow	箭头
2	vbCrosshair	十字线
3	vbIbeam	I 型
4	vbIconPointer	箭头图标
5	vbSizePointer	4 个方向的箭头
6	vbSizeNESW	指向右上和左下方向的双箭头
7	vbSizeNS	指向上下的双箭头
8	vbSizeNWSE	指向左上和右下方向的双箭头
9	vbSizeWE	左右方向的双箭头
10	vbUpArrow	向上的箭头
11	vbHourglass	沙漏(表示等待状态)
12	vbNoDrop	"不能停止"图标
13	vbArrowHourglass	箭头和沙漏
14	vbArrowQuestion	箭头和问号
15	vbSizeAll	4 向箭头(表示改变大小)
99	vbCustom	通过 MouseIcon 属性所指定的自定义图标

MouseIcon 属性用来使用一个图标文件自定义鼠标指针的形状。

小贴士

只有当 MousePointer 属性的值为 99 时，MouseIcon 属性才有效。在程序中使用 LoadPicture 函数装入以.ico 或.cur 为扩展名的图标文件，用来设置 MouseIcon 属性。

【例 6.7】　编写程序，改变窗体和命令按钮的鼠标指针形状。程序代码如下。

```
Private Sub Form_Load()
  Form1.MousePointer = 99
  Form1.MouseIcon = LoadPicture("aaa.ico")      '改变窗体鼠标指针形状
  Command1.MousePointer = 13                     '改变按钮鼠标指针形状
End Sub
```

当程序运行时，如果将鼠标指针移动到命令按钮上，那么鼠标指针将变成；如果将鼠标指针移动到窗体上，那么鼠标指针将变成。

6.2　菜　单　设　计

建立一个利用菜单控制文字运动的程序，如图 6.5。

图 6.5　程序运行结果

　　菜单需要利用菜单编辑器制作每一个菜单项，其中"控制"和"方向"这两项为顶层菜单，其他菜单项都是它们下面的子菜单。"控制"菜单下有"开始""暂停""复位""标题文字""退出"等菜单项。其中，"开始"菜单项可以让标签字幕开始移动，单击后变为灰色，并使"暂停"菜单项可用；"暂停"菜单项可以让标签字幕停止移动，单击后变为灰色，并使"开始"菜单项可用；"复位"菜单项可以将标签字幕水平放置到窗体中间；选择"标题文字"菜单项可以弹出一个输入框，输入的文字作为标签的标题；"退出"菜单项可以结束工程运行。"方向"菜单下有"向左""向右"两个菜单项，可以分别控制标签移动的方向，单击某一个菜单项后加复选号，同时取消另一个菜单项的复选号。程序演示及编写过程详见本章二维码资源。

　　菜单是一系列命令组成的列表，是 Windows 应用程序普遍使用的一种交互方式，它能够使用户灵活地操作和控制应用程序并能使界面整洁。VB 环境下的菜单分为两种类型：下拉式菜单和弹出式菜单。这两种菜单的设计都要求在"菜单编辑器"中进行。本节将介绍这两种菜单的创建方法。

6.2.1　菜单编辑器

　　无论是下拉式菜单还是弹出式菜单，每一个菜单项都是 VB 的一个控件对象，具有和其他控件一样的属性，如 Caption、Name、Check、Enabled 和 Visible 等属性。所不同的是，菜单控件不在 VB 的工具箱中，而且菜单控件的属性不能在属性窗口中修改，只能在菜单编辑器中修改。菜单控件只能响应 Click 事件。

> **小贴士**
>
> 设计菜单的一般步骤如下。
>
> （1）根据程序设计的需要进行菜单的界面设计，包括菜单栏中的各菜单标题，各级子菜单中的菜单项，以及它们各自的事件过程。
>
> （2）打开菜单编辑器，建立各级菜单，并设置相应的属性。
>
> （3）编写程序代码。建立菜单项后，为相应的菜单项编写 Click 事件代码。

1．打开菜单编辑器

打开菜单编辑器的方法有以下几种。

(1) 选择"工具｜菜单编辑器"命令。

(2) 单击工具栏中的"菜单编辑器" 📄 命令。

(3) 在窗体上右击，选择快捷菜单中的"菜单编辑器"命令。

(4) 按 Ctrl+E 组合键。

打开后的菜单编辑器如图 6.6 所示。

图 6.6　菜单编辑器

2．菜单编辑器的组成

菜单编辑器窗口由 3 部分组成：数据区、编辑区和菜单显示区。

(1) 数据区。也称为菜单属性区，位于"菜单编辑器"标题栏的下方，用来设置菜单控件的属性。

① 标题(P)：为程序运行时菜单上的说明文字，如"文件""格式"等，相当于普通控件的 Caption 属性。若是减号"–"，将在菜单中显示一条分隔线，常用此种方法使菜单项分组。另外，在标题中可以用"＆"为菜单项设定快速访问键，如标题设置为"文件(&F)"则菜单项显示为"文件(F)"。

② 名称(M)：用来标注菜单项的控件名字，这个名字用来在程序中引用菜单项，相当于普通控件的 Name 属性。所有菜单项的名称属性必须是唯一的，除非这个菜单项是控件数组中的一个元素。

③ 索引(X)：相当于其他控件的 Index 属性，当把多个菜单项定义为控件数组时，索引是控件数组的下标，控件数组中的菜单项具有相同的 Name 属性，而且是同一个菜单中的相邻菜单项。索引可以不从 0 开始，也可以不连续，但必须按升序排列。

④ 快捷键(S)：用来设置菜单项的快捷键，可以从它的下拉列表中进行选择。

⑤ 复选(C)：该属性为 True(选中)时，在该菜单项前面出现一个"√"标记，表示该项处于活动状态。相当于复选框控件的 Checked 属性。

⑥ 有效(E)：该属性为 False(未选中)时，对应的菜单项呈灰色，表示当前不可用。该属性相当于普通控件的 Enabled 属性。

⑦ 可见(V)：确定菜单是否可见，该属性为 False(未选中)时，对应的菜单项将暂时从菜单中去掉。它相当于普通控件的 Visible 属性。

⑧ 帮助上下文 ID(H)：在 Helpfile 属性指定的帮助文件中用该数值查找适当的帮助信息。

⑨ 协调位置(O)：选择菜单的显示属性，该属性决定是否及如何在容器窗体中显示菜单。0——None：不显示；1——Left：靠左；2——Middle：居中；3——Right：靠右。

⑩ 显示窗口列表(W)：该属性为 True(选中)时，将显示当前打开的一系列子窗口标题。

(2) 编辑区。数据区下方的区域是菜单编辑区。编辑区上有 7 个控制按钮，编辑菜单时要借助于这 7 个按钮。

① 左右箭头 ◄ ► ：单击右箭头，产生内缩符号(…)，表示将建立下一级菜单。单击左箭头，删除内缩符号。在 VB 6.0 中最多可建立 6 级子菜单。

② 上下箭头 ▲ ▼ ：单击上箭头把条形光标上移一个选项，单击下箭头把条形光标下移一个选项。

③ 下一个(N)：开始设置一个新的菜单项。

④ 插入(I)：用来插入一个新的菜单项。

⑤ 删除(T)：删除条形光标所在的菜单项。

(3) 菜单显示区。位于菜单设计窗口的下部，用来显示输入的菜单项。显示区上列出了菜单项标题、级别和快捷键等。如果一个菜单项相对于上一个菜单项向右缩进，表示它是上一个菜单项的子菜单。向右缩进相同的菜单项属于同一个子菜单。没有缩进的菜单项是顶级菜单项，将显示在菜单栏中。可以在此区域选择要修改的菜单项，用 ◄ ► ▲ ▼ 按钮调整菜单项顺序和缩进。

6.2.2 下拉式菜单

1. 下拉式菜单概述

下拉式菜单一般显示在窗口顶端的菜单栏。菜单栏中的菜单项称为菜单标题。单击某一个菜单标题，将下拉出一个菜单，菜单由若干项菜单命令、分隔条或者下一级子菜单标题组成，如图 6.7 所示。

图 6.7 下拉式菜单

【例 6.8】 用下拉式菜单设计 1 个具有加、减、乘、除、清除和退出功能的程序。

项目说明：程序运行后的窗体如图 6.8 所示。在"操作数"下的 2 个文本框中，分别输入 2 个数，然后通过菜单栏中"计算"菜单项，选择"加/减"或"乘/除"运算符，程序经过运算后，会将相应的结果显示在"结果"文本框中。"其他"菜单项提供"清除"和"退出"操作："清除"表示清空

图 6.8　下拉式菜单示例

操作数，准备进行下一次运算；"退出"为关闭窗体，结束程序。另外，还要求为"计算"菜单标题下的菜单项设置快捷键，如"加"的快捷键为 Ctrl+A。

项目分析：根据项目说明的要求，需要在窗体中利用菜单编辑器生成 1 个菜单，此菜单有 2 个菜单标题，"计算"菜单标题包括 4 个菜单项，"其他"菜单标题包括 2 个菜单项。菜单设计完成后，为每一个菜单项编写 Click 事件代码以实现菜单功能。程序运行时，单击菜单项就会触发相应的 Click 事件。

项目设计：

(1) 创建界面：新建一个标准 EXE 工程。在窗体适当位置添加 3 个文本框，并把它们的 Text 属性设置为空。添加 3 个标签并设置 Caption 属性。

(2) 建立菜单：右击窗体空白处，选择"菜单编辑器"命令，打开菜单编辑器。

①　建立菜单标题"计算"及菜单项。

a.　在标题栏中输入"计算(&C)"，名称栏中输入 cmp。& 引导的字母指明了该菜单项的快速访问键，即使用 Alt+C 键可以打开此菜单。

b.　单击编辑区的"下一个"，使菜单显示区条形光标下移。

c.　单击编辑区的右箭头，在菜单显示区该菜单项出现内缩符号"…"。

d.　在标题栏中输入"加"，在名称栏中输入 add，在快捷键中选择 Ctrl+A 键。

e.　单击编辑区的"下一个"，使菜单显示区条形光标下移。

f.　在标题栏中输入"减"，在名称栏中输入 sub，在快捷键中选择 Ctrl+B 键。

g.　重复 e~f 操作步骤，建立标题为"乘"、名称为 mul 的菜单项和标题为"除"、名称为 div 的菜单项，快捷键分别为 Ctrl+C 键和 Ctrl+D 键。

②　建立菜单标题"其他"及菜单项。

a.　单击编辑区的"下一个"，使菜单显示区条形光标下移。

b.　单击编辑区的左箭头，取消该菜单项的内缩符号"…"。

c.　在标题中输入"其他(&O)"，在名称中输入 oth。

d.　重复以上各操作步骤，直到菜单显示区如图 6.9 所示。其中，菜单项"清除"名称为 clr，菜单项"退出"名称为 exit。

③　单击菜单编辑器中的"确定"按钮，完成菜单编辑。如果需要可重新打开菜单编辑器进行修改。

(3) 编写代码。菜单控件只能触发 Click 事件，在建立完菜单界面之后，单击某一菜单项，代码窗口即会出现该菜单项的 Click 事件过程，在其中输入相应的代码即可，如

图 6.10 所示。

图 6.9　加、减、乘、除运算程序菜单　　　　图 6.10　为菜单项添加代码

① 单击菜单项"加"，输入代码如下。

```
Private Sub add_Click()
    Text3.Text = Val(Text1.Text) + Val(Text2.Text)
End Sub
```

② 单击菜单项"减""乘"时，执行的事件代码与加类似，仅操作符发生变化，输入代码如下。

```
Private Sub sub_Click()
    Text3.Text = Val(Text1.Text) - Val(Text2.Text)
End Sub
Private Sub mul_Click()
    Text3.Text  = Val(Text1.Text) * Val(Text2.Text)
End Sub
```

③ 单击菜单项"除"时，要判断操作数 2 是否为空或 0，输入代码如下。

```
Private Sub div_Click()
    If Val(Text2.Text) <> 0 Then
        Text3.Text = Val(Text1.Text) / Val(Text2.Text)
    Else
        MsgBox "请在操作数 2 中输入除数！"
    End If
End Sub
```

④ 单击菜单项"清除"，执行下面的事件代码。

```
Private Sub clr_Click()
    Text1.Text = Clear:Text2.Text = Clear:Text3.Text = Clear
    '也可以使用 Text1.text=""
    Text1.SetFocus
End Sub
```

⑤ 单击菜单项"退出"，执行下面的事件代码。

```
Private Sub exit_Click()
    End
End Sub
```

2. 有效性控制

所谓有效性控制，即可以使菜单项禁止使用(变为灰色)，需要时再恢复。被禁止使用的菜单项将不能接收 Click 事件。

以下两种方法可以实现菜单项的有效性控制。

(1) 在菜单设计阶段，通过菜单编辑器窗口中的"有效(E)"选项进行设置。

(2) 在编写代码阶段，通过设置 Enabled 属性来实现。该属性为 True 时，菜单项可以使用；该属性为 False 时，菜单项不可用(变为灰色)。语句格式如下。

```
菜单项名称.Enabled=True | False
```

下面的这条语句可使例 6.8 中菜单项"乘(mul)"呈灰色，不能接收 Click 事件。

```
mul.Enabled = False
```

小贴士

VB 中每个菜单项都是一个独立的控件，具有自己的属性和 Click 事件。各级菜单中的菜单项不存在父对象和子对象的关系，各菜单项的父对象都是窗体，所以在程序中引用菜单项时，可以直接引用各菜单项的名称。例如：

```
cmp.mu1.Enabled=False
```

该语句是错误的语句，菜单项名称前无须引用上层菜单名。

3. 菜单项标记

菜单项标记，就是在菜单项前面加"√"标记。当菜单项前有此标记时，表示这个菜单项被选择，处于活动状态，即 ON 状态；否则，表示菜单项未被选择，处于非活动状态，即 OFF 状态。有两种方法可以实现菜单项标记。

(1) 在菜单设计阶段，通过菜单编辑器窗口中的"复选(C)"选项进行设置。

(2) 在编写代码阶段，通过设置某菜单项的 Checked 属性来实现。该属性为 True 时，菜单项前出现一个"√"标记；该属性为 False 时，菜单项前面无"√"标记。语句格式如下。

```
菜单项名称.Checked =True | False
```

由于菜单项标记通常要在"有"和"无"两种状态间切换，所以也常采用如下语句来切换两种状态。

```
菜单项名称.Checked =Not 菜单项名称.Checked
```

下面代码用来实现在例 6.8 中，单击"乘(Mul)"菜单项改变此菜单项的复选状态，有"√"标记时去掉此标记，无"√"标记时加上此标记。

```
Private Sub Mul_Click()
    Mul.Checked=Not Mul.Checked
```

```
End Sub
```

如果要在程序中判断菜单项是否处于选中状态，可用下面的 IF 语句格式。

```
If Mul.Checked =True Then
    '在这里编写 Mul 菜单项处于活动状态时要执行的代码
End If
```

6.2.3　弹出式菜单

弹出式菜单又称为"快捷菜单""上下文相关菜单"，其位置显示比较灵活。当在某一个对象(或空白区域)右击后弹出的菜单即为弹出式菜单，如图 6.11 所示。与下拉式菜单不同的是：弹出式菜单的显示位置不同，它的显示位置取决于右击时指针的位置；它显示的内容取决于所选对象以及前后的相关操作。

图 6.11　弹出式菜单

小贴士

弹出式菜单是一种独立于菜单栏而显示在窗体上的浮动菜单，根据用户右击时的位置动态地显示。弹出式菜单的建立分 3 步进行。

(1) 用菜单编辑器建立主菜单及其子菜单，并且把各菜单所需的程序代码写好。

(2) 把菜单标题项的 Visible(可见性)属性设置为 False。

(3) 编辑需要弹出菜单对象的 MouseDown 事件。用 PopupMenu 方法显示弹出式菜单。

格式：

```
[对象名.]PopupMenu 菜单名[, Flags[, X[, Y[, BoldCommand]]]]
```

说明：

(1) 对象名：需要弹出菜单的对象名称，一般为窗体，省略对象指的是当前窗体。

(2) 菜单名：是指通过菜单编辑器定义的菜单标题项名称属性 Name。

(3) Flags：位置参数，用来指定弹出式菜单的位置及行为，包含位置常数和行为常数。其中各常数取值及作用如表 6.3 和表 6.4 所示。

表 6.3　位置常数

位置常数	值	作　　　用
VbpopupMenuLeftAlign	0	表示菜单的左上角位于 X(默认值)
VbpopupMenuCenterAlign	4	表示菜单中心位于 X
VbpopupMenuRightAlign	8	表示菜单右上角位于 X

表 6.4　行为常数

行为常数	值	作　　　用
VbpopupMenuLeftButton	0	表示仅当单击左键时选择菜单项(默认值)
VbpopupMenuRightButton	2	表示单击左键或右键都可以选择菜单项

这两组参数可以单独使用，也可以联合使用。联合使用时，每组中取一个值，两值相加。例如，4+2 表示弹出式菜单显示的位置中心在 X 坐标，单击左键或右键都会选择菜单项。

(4) X，Y 是坐标值，表示弹出式菜单在窗体上显示的位置，默认为鼠标坐标。

(5) BoldCommand 用于指定菜单中要以粗体显示的菜单名称。

(6) 除菜单名外，其他参数都是可选参数。若省略所有可选参数，运行程序时，在窗体任意位置单击鼠标左键或右键，将弹出一个菜单。

【例 6.9】 用弹出式菜单命令改变标签的背景色。

项目说明：程序运行后，当在窗体内单击右键时弹出菜单。选择菜单中的不同菜单项，窗体上标签的背景颜色会发生相应的变化，如图 6.12 所示。

项目分析：根据要求，首先利用菜单编辑器生成 1 个菜单，其中菜单标题的标题属性可以为空，名称属性设置为 Main。此菜单中有 3 个菜单项，分别为红色、蓝色、绿色，当单击相应命令时，该项加上菜单项标记，同时将标签背景色改为相应颜色。然后利用窗体的鼠标按下事件(Form_MouseDown)，使用 Popupmenu 方法显示出菜单。Main 菜单的 Visible 属性初始值应为 False。

图 6.12　弹出式菜单示例

项目设计：

(1) 创建界面：新建 1 个标准 EXE 工程。在窗体适当位置添加 1 个标签 Label1，设置其 Caption 属性为空，BorderStyle 属性为 1(带有固定边框)。

(2) 建立菜单：打开菜单编辑器，各菜单项属性设置如表 6.5 所示。

表 6.5　菜单项属性设置

标　题	名　称	内缩符号	可　见
	Main	无	False
红色	Red	1 层	True

续表

标　题	名　称	内缩符号	可　见
蓝色	Blue	1层	True
绿色	Green	1层	True

(3)　编写如下事件代码。

```
Private Sub Form_MouseDown(Button As Integer, Shift As Integer,_
X As Single, Y As Single)
    If Button=2 Then                '右击时弹出菜单
        PopupMenu main
    End If
End Sub
Private Sub red_Click()            '单击"红色"命令
'在红色上添加菜单项标记，同时将其他命令的菜单项标记去掉
'标签背景改为红色
    If red.Checked = False Then
        red.Checked = True
        blue.Checked = False
        green.Checked = False
        Label1.BackColor = vbRed
    End If
End Sub
Private Sub blue_Click()
    If blue.Checked = False Then
        blue.Checked = True
        red.Checked = False
        green.Checked = False
        Label1.BackColor = vbBlue
    End If
End Sub
Private Sub green_Click()
    If green.Checked = False Then
        green.Checked = True
        red.Checked = False
        blue.Checked = False
    Label1.BackColor = vbGreen
    End If
End Sub
```

本章小结

　　本章介绍了 VB 中的键盘事件、鼠标事件和菜单应用。键盘事件包括 KeyDown、KeyPress 和 KeyUp。在程序中应注意 KeyDown 和 KeyPress 事件的区别。KeyDown 和 KeyPress 事件过程的参数不同，能够响应的键盘按键也有所区别。常用的鼠标事件有

MouseDown、MouseUp、MouseMove。鼠标事件中的参数较多，重点应掌握不同参数的含义及用法。另外，本章最后介绍了影响鼠标指针形状的两个属性 MousePointer 和 MouseIcon。

VB 中菜单有下拉式菜单和弹出式菜单两种。这两种菜单的设计都要求在菜单编辑器中进行。每一个菜单项都是 VB 的一个控件对象，其属性可在菜单编辑器中进行设置，也可通过程序代码进行设置。菜单控件只有一个 Click 事件。

习　题

一、选择题

1. VB 中有 3 个键盘事件：KeyPress、KeyDown、KeyUp，若光标在 Text1 文本框中，则每输入一个字母_____。

    A. 这 3 个事件都会触发　　　　　　B. 只触发 KeyPress 事件

    C. 只触发 KeyDown、KeyUp 事件　　D. 不触发其中任何一个事件

2. 设窗体的名称为 Form1，标题为 Win，则窗体的 MouseDown 事件过程的过程名是_____。

    A. Form1_MouseDown　　　　　　　B. Win_MouseDown

    C. Form_MouseDown　　　　　　　　D. MouseDown_Form1

3. 要求当鼠标指针在图片框 P1 中移动时，立即在图片框中显示鼠标指针的位置坐标。下面能正确实现上述功能的事件过程是_____。

```
A. Private Sub P1_MouseMove(Button AS Integer,_
        Shift As Integer,X As Single,Y As Single)
        Print X,Y
    End Sub
B. Private Sub P1_MouseDown(Button AS Integer,_
    Shift As Integer,X As Single, Y As Single)
        Picture.Print X,Y
    End Sub
C. Private Sub P1_MouseMove(Button AS Integer,_
    Shift As Integer,X As Single, Y As Single)
        P1.Print X,Y
    End Sub
D. Private Sub Form_MouseMove(Button AS Integer,_
    Shift As Integer,X As Single,Y As Single)
        P1.Print X,Y
    End Sub
```

4. 在窗体上画 1 个命令按钮和 2 个文本框，其名称分别为 Command1、Text1 和 Text2，在属性窗口中把窗体的 KeyPreview 属性设置为 True，然后编写如下程序。

```
Dim S1 As String, S2 As String
Private Sub Form_Load()
    Text1.Text=""
    Text2.Text=""
    Text1. Enabled=False
    Text2. Enabled=False
End Sub
Private Sub Form_KeyDown(KeyCode As Integer, Shift As Integer)
    S2=S2&Chr(KeyCode)
End Sub
Private Sub Form_KeyPress(KeyAscii As Integer)
    S1=S1&Chr(KeyAscii)
End Sub
Private Sub Command1_Click()
    Text1.Text=S1
    Text2.Text=S2
    S1=""
    S2=""
End Sub
```

程序运行后，先后按 a、b、c 键，然后单击命令按钮，在文本框 Text1 和 Text2 中显示的内容分别为_____。

    A. abc 和 ABC   B. 空白

    C. ABC 和 abc   D. 出错

5. 设计菜单时，在某菜单项 Caption 属性字母前加上"&"符号的含义是_____。

    A. 可通过键盘 Ctrl+该字母选择该菜单

    B. 可通过键盘 Alt+该字母选择该菜单

    C. 可通过键盘 Shift+该字母选择该菜单

    D. 在该菜单前加上选择标记

6. 假设有一个名为 MenuItem 的菜单项，如果需要在运行时将其变为失效状态(灰色)，应在过程中使用的语句为_____。

    A. MenuItem.Enabled=False   B. MenuItem.Enabled=True

    C. MenuItem.Visible=True   D. MenuItem.Visible=False

7. 为了将菜单项分组，通常使不同功能的菜单项间用一个水平线分隔。设置的方法是在菜单中插入 1 个菜单项，将该菜单项的_____属性设置为减号(−)即可。

    A. Name   B. Visible   C. Caption   D. Checked

8. 设置菜单标题的访问键，需在设置该菜单标题的 Caption 属性时，在希望作为访问键的字符前加 1 个_____符号。

    A. #   B. *   C. &   D. $

9. 关于 VB 菜单设计的叙述正确的是_____。

    A. VB 的菜单也是一个控件，存在于 VB 的工具箱中

    B. VB 的菜单也具有外观和行为的属性

C. VB 的菜单设计是在菜单编辑器中进行的，它不是一个控件

  D. 菜单的属性也是在属性窗口中设置的

10. 以下叙述中错误的是_____。

  A. 在同一窗体的菜单项中，不允许出现标题相同的菜单项

  B. 在菜单的标题栏中，"&" 所引导的字母表明了该菜单项的访问键

  C. 程序运行过程中，叼以重新设置菜单的 Visible 属性

  D. 弹出式菜单也应该在菜单编辑器中定义

11. 以下关于菜单编辑器中"索引"项的叙述中，错误的是_____。

  A. "索引"确定了菜单项在一组菜单中的位置

  B. "索引"是控件数组的下标

  C. 使用"索引"时，可有一组菜单项具有相同的名称

  D. 使用"索引"后，在菜单项的单击事件过程中可以通过索引值来引用菜单项

12. 通过菜单编辑器设置菜单时，如果在菜单项前有"√"标记，则在菜单编辑器中_____。

  A. 选中"复选"　　　　　　　　B. 不选中"复选"

  C. 选中"有效"　　　　　　　　D. 不选中"有效"

二、填空题

1. 在菜单中，唯一能够识别的事件是_____事件。

2. 程序执行时，如果菜单项的_____属性设置为 False，则该菜单项变成灰色，不能被用户选择。

3. 如果要在菜单中添加一条分隔菜单项的分隔线，则需要将其 Caption 属性设置为_____。

4. 编辑完一个菜单，其菜单标题的名称为 Menu，并设置为不可见。为了在窗体上右击时显示该菜单，编写以下程序代码，请填空。

```
Private Sub Form   [1]   (Button As Integer, Shift As Integer,X As Single,
Y As Single)
If Button =   [2]   Then
    [3]   Menu
End If
End Sub
```

三、思考题

1. KeyDown 事件过程和 KeyPress 事件过程中参数的含义是什么？

2. MouseDown 事件过程中的参数代表什么含义？

随身课堂

高级语言程序设计——Visual Basic

微信扫天下　课程掌中观　　　　本章二维码

第 7 章　通用对话框与文件操作

核心概念

通用对话框　　文件控件　　文件操作

引导案例

设置 VB 窗体的边框样式属性(BorderStyle)时，可以看到有如下几个选项：

0——none。

1——Fixed Single：固定单边框。

2——Sizeable(默认值)：可调整的边框。

3——Fixed Dialog：固定对话框。

4——Fixed ToolWindow：固定工具窗口。

5——Sizeable ToolWindow：可调整尺寸工具窗口。

其中：0 是无边框和任务栏的窗口；1 和 2 是窗口，运行的时候在 Windows 的任务栏中有对应的按钮；3 是对话框，运行时在 Windows 的任务栏中没有对应的按钮；4 和 5 通常可以用作工具栏的设计。

对话框(DialogBox)是一种特殊类型的窗体。它主要是通过向用户显示信息和获取用户提交的信息与用户进行交流，实现用户与系统"对话"的操作，是应用程序界面的重要组成部分。

与窗体(Windows)不同的是，对话框的大小不可改变，也没有最大化和最小化按钮。程序中的对话框一般在任务栏不显示对应的按钮，比如在 Office 中设置字体格式、段落格式的时候，都可以弹出相应的对话框，但任务栏并不会多出任务按钮。

案例导学

VB 中的对话框分为 3 种类型，即预定义对话框、通用对话框和自定义对话框。

1. 预定义对话框

预定义对话框是系统预先定义好的对话框，VB 提供了两种预定义对话框，即输入框和输出框(也称消息框), 通过调用相应的系统函数 InputBox 和 MsgBox 即可建立这两种对话框。预定义对话框在各种应用程序中的应用非常普遍。

2. 通用对话框

通用对话框是一种控件, 用于创建 Windows 中具有标准界面和使用方法的公共对话框, 如文件选择对话框、颜色选择对话框、字体选择对话框等。在 VB 中, 能够实现 6 种不同类型的通用对话框功能, 即打开(Open)、另存为(Save As)、颜色(Color)、字体(Font)、打印(Print)和帮助(Help)对话框。

3. 自定义对话框

预定义对话框和通用对话框建立方便, 但功能上都是系统预先定义好的, 有一定限制, 无法满足复杂的需要。用户可以根据需要建立自己的对话框, 这种对话框叫作自定义对话框。通过在一个窗体上放置控件, 构成用户与系统对话的界面, 就构成了自定义对话框。自定义对话框的设计和窗体设计相似, 本章不再赘述。

7.1　通用对话框的加载和使用

7.1.1　通用对话框的加载

通用对话框是一种 ActiveX 控件, 在默认情况下, 工具箱中没有"通用对话框"(CommonDialog)控件。在使用"通用对话框"之前, 必须先将其添加到工具箱中, 操作步骤如下。

(1) 选择"工程|部件"命令, 或在工具箱上右击, 在弹出的快捷菜单中选择"部件"命令, 打开"部件"对话框, 如图 7.1 所示。

图 7.1　"部件"对话框

(2) 在部件对话框中选择"控件"选项卡, 然后在控件列表中选中 Microsoft Common Dialog Control 6.0(使前面的复选框处于选中状态)。

(3) 单击"确定"按钮, 通用对话框被添加到了工具箱中。

通用对话框控件添加到工具箱后, 就可以在工具箱中看到 CommonDialog 控件, 添加的通用对话框以图标 的方式显示在窗体中。通用对话框控件的使用方法和其他控件一样，可以在窗体上产生对象，和计时器类似，通用对话框控件没有大小、位置等属性，运行时不可见，需要使用程序代码对其进行操作。

7.1.2　通用对话框的基本属性和方法

1. 属性

通用对话框可以显示为"打开""字体"等 6 种不同类型的对话框，每种对话框都有自己特有的属性，这些属性可以在属性窗口中进行设置，也可以在程序中用代码设置。以下是通用对话框的基本属性。

(1)　Action 属性。该属性用来设置通用对话框显示的类型，其值为数值型。

① 0：无对话框显示。

② 1：显示"打开"(Open)对话框。

③ 2：显示"另存为"(Save As)对话框。

④ 3：显示"颜色"(Color)对话框。

⑤ 4：显示"字体"(Font)对话框。

⑥ 5：显示"打印"(Print)对话框。

⑦ 6：显示"帮助"(Help)对话框。

小贴士

通用对话框控件的 Action 属性不能在属性窗口内设置，只能在程序中使用代码进行设置。例如：

CommonDialog1.Action=1

此语句设置对话框类型为"打开"对话框，其中 CommonDialog1 为通用对话框名称。

(2)　DialogTitle 属性。该属性用来设置对话框标题，其值为字符串型。不同类型的对话框都有自己的默认标题，例如，"打开"对话框的默认标题是"打开"，"另存为"对话框的默认标题是"另存为"。如果需要改变标题，可以在属性窗口更改 DialogTitle 属性的值或者在程序中使用代码设置。例如：

```
CommonDialog1.DialogTitle = "打开文件"
```

(3)　CancelError 属性。该属性用来设置当用户按下"取消"按钮时是否显示出错信息，其值为逻辑型。

① True：单击"取消"按钮时，将显示出错信息。

② False：单击"取消"按钮时，将不显示出错信息，为系统默认设置。

该属性值在属性窗口及程序中均可设置。

2．方法

除了使用 Action 属性来设置通用对话框的显示类型外，VB 还提供了一组方法设置其显示类型。

(1)　ShowOpen：通用对话框显示为"打开"对话框。

(2)　ShowSave：通用对话框显示为"另存为"对话框。

(3)　ShowColor：通用对话框显示为"颜色"对话框。

(4)　ShowFont：通用对话框显示为"字体"对话框。

(5)　ShowPrinter：通用对话框显示为"打印"对话框。

(6)　ShowHelp：通用对话框显示为"帮助"对话框。

例如：

```
CommonDialog1. ShowColor          '显示对话框类型为"颜色"对话框
```

7.1.3　通用对话框的使用

1．"打开"(Open)对话框

显示"打开"对话框的方法有两种：调用通用对话框的 ShowOpen 方法，或者将通用对话框的 Action 属性值设为 1。例如，通用对话框的名称为 CommonDialog1，则可以使用如下代码。

```
CommonDialog1.ShowOpen
```

或

```
CommonDialog1.Action=1
```

"打开"对话框如图 7.2 所示。利用"打开"对话框，在应用程序中可以实现选择路径以及打开文件的操作。

图 7.2　"打开"对话框

"打开"对话框常用属性如下。

(1)　FileName 属性。该属性值为字符串型，用来设置或返回要打开文件的路径及文件名。当在"打开"对话框中选中一个文件并单击"打开"按钮时，选中的文件名即作为 FileName 属性值返回。注意，此返回值是一个包含路径名和文件名的字符串。

(2) FileTitle 属性。该属性值为字符串型，用于返回或设置用户选中的文件名。当用户在对话框中选中所要打开的文件时，该属性就立即得到了该文件的文件名。与 FileName 属性不同的是，FileTitle 的属性值中只有文件名，不包含路径名。

例如，当在"打开"对话框中选择了路径 C:\Program Files\Tencent\QQ 下的文件 QQ.exe 时，FileName 属性值为 C:\Program Files\Tencent\QQ\QQ.exe，而 FileTitle 属性值为文件名 QQ.exe。

(3) Filter 属性。用于设置在对话框中显示的文件类型。用该属性可以设置多个文件类型，供用户在对话框的"文件类型"下拉列表框中选择。属性值由一对或多对文本字符串组成，每对字符串用管道符"|"隔开，在管道符"|"前面的部分称为描述符，是对文件类型的说明；后面的部分称为"过滤器"，每个过滤器指定了一种在对话框中显示的文件类型，过滤器一般由通配符和文件扩展名组成。

例如：

```
CommonDialog1.Filter="文本文件(*.TXT)|*.txt"
```

表示在文件列表框中显示扩展名为.txt 的文件，即文本文件。管道符前面的内容"文本文件(*.TXT)"只负责在对话框中显示信息，是给用户看的；管道符后面的内容*.txt 才是真正描述文件类型的。

又如：

```
CommonDialog1.Filter = "所有文件(*.*)|*.*|文本文件(*.TXT)|*.txt"
```

此语句表示在对话框中可以显示的文件类型有两种：所有文件和文本文件。这两种文件类型将显示在"文件类型"下拉列表框中，如图 7.3 所示。

图 7.3　设置"打开"对话框的 Filter 属性

该属性可以在属性窗口中设置，也可以在通用对话框设置为"打开"对话框之前通过代码设置。

(4) FilterIndex 属性。返回用户在文件类型列表框中选中选项的序号,即过滤器的序号,值为整型。用 Filter 属性设置了多个过滤器后,每个过滤器都有一个序号,第 1 个过滤器的序号为 1,第 2 个过滤器的序号为 2,以此类推。如在图 7.3 所示的对话框中,如果要将"文本文件(*.TXT)"设为默认文件类型,则 FilterIndex 的属性值应该设置为 2。该属性也可以通过属性窗口和程序代码两种方式设置。

2."另存为"(Save As)对话框

通过调用对话框的 ShowSave 方法或将通用对话框的 Action 属性值设置为 2,可以显示"另存为"对话框。例如:

```
CommonDialog1.ShowSave
```

或

```
CommonDialog1.Action=2
```

"另存为"对话框外观和"打开"对话框非常相似,如图 7.4 所示。当用户需要存储文件时可以利用该对话框。

图 7.4 "另存为"对话框

"另存为"对话框的属性和"打开"对话框的属性基本相同。不同的是,可以通过 DefaultExt 属性为文件设置默认的文件扩展名,当单击"保存"按钮时,会自动给文件名加上扩展名。比如设置 DefaultExt 属性为 docx 时,如果在文件名处输入 abc 后单击"保存"按钮,则保存的文件名为 abc.docx。

无论是"打开"对话框还是"另存为"对话框,只负责搭建程序界面,并不能真正地打开文件或者对文件进行保存。如果需要实现具体功能,则要编写程序代码。

3."颜色"(Font)对话框

当调用对话框的 ShowColor 方法或设置其 Action 属性值为 3 时,将显示供用户选择颜色的"颜色"对话框。例如:

```
CommonDialog1.ShowColor
```

或

```
CommonDialog1.Action=3
```

"颜色"对话框如图 7.5 所示。

"颜色"对话框最主要的属性为 Color 属性，用于返回选定的颜色值。当用户在"颜色"对话框中选中某种颜色时，该颜色值将赋给对话框的 Color 属性。

【例 7.1】 利用"颜色"对话框设置窗体颜色。

(1) 界面设计：在工具箱中加载通用对话框控件并在窗体上任意位置产生一个通用对话框控件 CommonDialog1。

(2) 程序代码：

```
Private Sub Form_Click()
  CommonDialog1.Action = 3
  Form1.BackColor = CommonDialog1.Color
End Sub
```

图 7.5   "颜色"对话框

运行程序后，单击窗体会出现"颜色"对话框，选中对话框中一种颜色后，窗体背景色变为该颜色。

4．"字体"(Font)对话框

当调用 ShowFont 方法或设置通用对话框的 Action 属性值为 4 时，将显示"字体"对话框。例如：

```
CommonDialog1.ShowFont
```

或

```
CommonDialog1.Action=4
```

"字体"对话框如图 7.6 所示。该对话框可以设置文本的字体、样式、大小、颜色等。

图 7.6   "字体"对话框

"字体"对话框的常用属性如下。

(1) FontName 属性。该属性返回用户选定的字体名称。

(2) FontSize 属性。该属性返回用户选定的字体大小。

(3) FontBold、FontItalic、FontStrikethru 和 FontUnderline 属性。这些属性均为逻辑型,当它们的值是 True 时,分别表示设置字体为粗体、斜体、带有删除线和下画线。

(4) Min、Max 属性。这两个属性用于设定用户在"字体"对话框中所能选择字号的最小值和最大值,即用户只能在此范围内选择字号,该属性以点(Point)为单位(一个点的高度是 1/72 英寸)。

(5) Flags 属性。该属性用来加载"字体"对话框中显示的字体。Flags 属性设置如表 7.1 所示。

表 7.1　"字体"对话框 Flags 属性设置值

常　数	值	说　明
cdlCFScreenFonts	&H1	显示屏幕字体
cdlCFPrinterFonts	&H2	显示打印机字体
cdlCFBoth	&H3	显示打印机字体和屏幕字体
cdlCFEffects	&H100	在"字体"对话框显示删除线和下画线检查框以及颜色组合框

小贴士

　　在显示"字体"对话框之前必须将 Flags 属性设置为 cdlCFScreenFonts、cdlCFPrinterFonts 或 cdlCFBoth 中的一个,也就是必须在字体对话框显示之前加载本机安装的字体文件,否则将发生字体不存在的错误。

5. "打印"(Print)对话框

当调用 ShowPrinter 方法或设置通用对话框的 Action 属性值为 5 时,将显示"打印"对话框。例如:

```
CommonDialog1.ShowPrinter
```

或

```
CommonDialog1.Action=5
```

"打印"对话框如图 7.7 所示。

"打印"对话框的常用属性如下。

(1) Copies(复制份数)属性。该属性值为整型,用来指定打印份数,默认值为 1。

(2) FromPage(起始页号)、ToPage(终止页号)属性。该属性用来设置并存放用户指定的打印起始页号和终止页号,其值为整型。

图 7.7　"打印"对话框

6. "帮助"(Help)对话框

当调用 ShowHelp 方法或设置通用对话框的 Action 属性值为 6 时，将显示"帮助"对话框，通过"帮助"对话框可以显示帮助信息。

"帮助"对话框不能制作应用程序的帮助文件，若要制作帮助文件需要使用 Microsoft Windows Help Compiler，即 Help 编辑器。生成帮助文件以后可直接在界面上利用"帮助"对话框为应用程序提供在线帮助。

"帮助"对话框常用属性如下。

(1) HelpCommand 属性。该属性用于返回或设置所需要的在线帮助类型。

(2) HelpFile 属性。该属性用于指定 Help 文件的路径及其文件名称。

(3) HelpKey 属性。该属性用于设置帮助主题的关键字。例如，如果想在"帮助"对话框中显示 VB.HLP 的 Common Dialog Control 语句的帮助，那么应按如下要求设置属性。

```
CommonDialog1.HelpCommand=vbHelpContents
CommonDialog1.HelpFile="VB.HLP"
CommonDialog1.HelpKey="Common Dialog Control"
CommonDialog1.Action=6
```

(4) HelpContext 属性。该属性用来返回或设置所需要的帮助主题的上下文文件号(ID)，一般与 HelpCommand 属性(设置为 vbHelpContents)一起使用，指定要显示的帮助主题。

7.2　文件系统控件

文件是指存放在外部介质上的以文件名标识的数据集合。按文件存储的内容可将文件分为程序文件和数据文件。程序文件是指令的有序集合；数据文件是专门存放程序中所使用的数据的文件，如学生成绩、图书资料、图像音频等。在操作系统中，可以通过资源管理器来浏览和操作文件。在 VB 中，　提供了一组文件系统控件来帮助用户管理磁盘文件和目录。文件系统控件包括驱动器列表框(DriveListBox)、目录列表框(DirListBox)和文件列表框(FileListBox)。

7.2.1　驱动器列表框

驱动器列表框实质上是一个下拉式组合框，用户可以在它的列表中选择当前计算机的驱动器盘符。在组合框顶部的驱动器名是当前驱动器。驱动器列表框如图 7.8 所示。

图 7.8　驱动器列表框

1. 常用属性

驱动器列表框最常用的属性是 Drive 属性，它不能在属性窗口中设置，只能通过程序代码来进行设置。在程序运行时，可以在代码中通过 Drive 属性来获得当前的驱动器名，也可以通过设置 Drive 属性来改变当前驱动器。Drive 属性的设置方法如下。

格式：驱动器列表框名称. Drive

例如，假设驱动器列表框控件的名称属性为 Drive1，如下命令可以在窗体中显示当前驱动器名。

```
Print Drive1.Drive
```

2. 常用事件

Change 事件：在程序运行时，每次用户改变驱动器列表框中的驱动器，即 Drive 属性的值，都将触发驱动器列表框的 Change 事件。

7.2.2 目录列表框

目录列表框是操作指定驱动器下目录的一个列表框，它的作用是显示当前驱动器上的目录结构。目录列表框如图 7.9 所示。

图 7.9 目录列表框

1. 常用属性

目录列表框最常用的属性是 Path 属性，用于设置或返回在列表框中所选目录的路径，该属性同样不能在属性窗口中设置，只能在代码中设置。

格式：目录列表框名称.Path=路径字符串

例如，假设目录列表框的名称为 Dir1，下面命令用来将 C 盘的 Program Files 文件夹设置为当前路径。

```
Dir1.Path=" C:\Program Files "
```

2. 常用事件

Change 事件：在程序运行时，每次用户改变目录列表框中的路径，即改变 Path 属性值时，都将触发目录列表框的 Change 事件。

7.2.3 文件列表框

文件列表框是显示指定目录下文件的列表框，如图 7.10 所示。

图 7.10 文件列表框

1. 常用属性

(1) Path 属性：用来指定和返回当前目录，即文件列表框中显示哪个路径下的文件。

(2) Pattern 属性：用于设置和返回文件列表框中显示文件的类型，默认值为所有文件(*.*)。例如，假设文件列表框名称属性为 File1，要在文件列表框中只显示所有的 DOC 文件，在程序运行中执行命令为：

```
File1.Pattern = "*.DOC"
```

(3) FileName 属性：用来设置和返回某个选定的文件名(不包括路径)。当用户单击文件列表框中的某个文件时，将该文件名赋给文件列表框的 Filename 属性。

(4) ListCount 属性：返回文件列表框中当前显示的文件个数。

(5) ListIndex 属性：返回和设置文件列表框中所选项的索引值。

(6) List 属性：保存文件列表框中所有项的数组。

2. 常用事件

文件列表框中常用的事件是 Click 事件和 DblClick 事件。

(1) Click 事件：单击文件列表框中的文件时触发 Click 事件。

(2) DblClick 事件：双击文件列表框中的文件时触发 DblClick 事件。

7.2.4　文件系统控件应用

【例 7.2】　利用驱动器列表框、目录列表框和文件列表框，实现文件管理的例子。

(1) 项目说明：驱动器列表框、目录列表框和文件列表框常常配合使用来显示目录结构和文件名。更改驱动器时，目录列表框和文件列表框中的路径发生变化；更改目录列表框时，文件列表框中的路径发生变化；单击某个文件名，该文件显示在文本框中。文件系统控件同步操作如图 7.11 所示。

图 7.11　文件系统控件同步操作

(2) 界面设计：在窗体上加入驱动器列表框 Drive1、目录列表框 Dir1、文件列表框 File1、标签 Label1 和文本框 Text1。将标签的 Caption 属性值改为"所选文件"，将文本框 Text1 的 Text 属性值清空。

(3) 程序代码：

```
Private Sub Drive1_Change()
Dir1.Path = Drive1.Drive      '使目录列表框与驱动器列表框同步
End Sub
Private Sub Dir1_Change()
File1.Path = Dir1.Path        '使文件列表框与目录列表框同步
End Sub
Private Sub File1_Click()
'单击文件列表框显示所选文件路径和文件名
```

```
Text1 = File1.Path & "\" & File1.FileName
End Sub
```

小贴士

在文件列表框中选择某个磁盘(假设为 C 盘)根目录下的文件时，File1.Path 值为 C:\，此时在连接 "\" 符号后连接文件名，会显示为类似 C:\\abc.txt 的情况。不选择根目录下的文件名则显示正确。可以通过代码判断是否选择了根目录来解决这个问题。上面 File1_Click 事件的代码改为如下代码段即可。

```
If Len(File1.Path) <> 3 Then     '当文件列表框的路径长度为3时，一定是某磁盘根目
                                  录，如 C:\、D:\等
  Text1 = File1.Path & "\" & File1.FileName
Else
  Text1 = File1.Path & File1.FileName
End If
```

7.3　文件操作

VB 语言可以对多种类型的文件进行读写操作，本书只讨论两种类型的文件：顺序文件和随机文件。

(1) 顺序文件。顺序文件就是普通的文本文件，可以用记事本等文字编辑软件查看。顺序文件的读取顺序与存储顺序一致。也就是说，对顺序文件的读取和写入都只能按顺序从头到尾依次进行，不能直接定位到所要处理的内容处。

(2) 随机文件。随机文件又称为直接存取文件，它的结构类似一个二维表，如表 7.2 所示。文件是由一行一行的记录组成的，每个记录又是由若干列(字段)组成的，每列数据的数据类型相同。每次读取和写入随机文件都是以记录为单位。它的每个记录的长度是固定的，而且都有一个记录号，对文件中记录的读取和写入可根据记录号直接进行，所以它的读取速度比顺序文件快得多。随机文件只能通过程序访问，不能通过文字编辑软件打开查看。

表 7.2　随机文件结构示例

姓　名	年　龄	专　业	入学时间
刘志丹	19	计算机	2017-9-1
黄哲	20	自动化	2017-9-1
安立群	20	英　语	2017-9-1
邹晓飞	18	物　理	2017-9-1
刘茜	19	数　学	2017-9-1

顺序文件的组织简单，占用空间小，但维护较困难，比较适合少量数据的存取；随机文件则存取灵活、易于修改且访问速度快，但其占用存储空间大，结构复杂。

7.3.1　顺序文件的打开和关闭

无论是哪种类型的文件，基本操作都分为 3 个步骤：①打开文件；②读取文件内容或者向文件写入内容；③关闭文件。

1．顺序文件的打开

顺序文件的打开要使用 Open 语句。

格式：Open <文件名> For 打开方式　As [#]文件号

说明：

(1)　文件名：表示要打开的文件名称，包含所在路径。

(2)　打开方式：指打开文件的输入、输出方式，对于顺序文件有如下形式。

①　Output：向文件中写入数据。若指定的文件不存在，则创建新文件。

②　Input：读取文件中的数据内容。要求文件必须已经存在。

③　Append：向文件中写入数据。若指定的文件不存在，将自动建立一个新文件。它与 Output 的区别为：Output 方式的写，是将文件原有内容清除，从头再写；Append 方式的写，是保留文件原有内容，从文件尾接着写。

(3)　文件号：一个整型表达式，其值在 1～511，在操作文件时以该数字代替文件名。

Open 语句用法示例。

①　打开 C 盘 VB 文件夹下的顺序文件 A.dat，并准备将数据写入文件，指定文件号为 1。文件打开语句为：

```
Open "C:\VB\A.DAT" For Output As #1
```

②　将①中的顺序文件打开，并进行写操作，但保留原记录。

```
Open "C:\VB\A.DAT" For Append As #1
```

③　将②中的顺序文件打开，指定文件号为 2，并准备读取文件中的数据。

```
Ch$="C:\VB\A.DAT"     '此例将文件名赋值给字符串变量 Ch
Open Ch For Input As #2
```

2．文件的关闭

顺序文件的关闭都要使用 Close 语句。

格式：Close [文件号列表]

例如：

```
Close #1        '关闭 1 号文件
Close 2,3       '关闭 2 号和 3 号文件，可以省略#
Close           '关闭所有已经打开的文件
```

7.3.2　顺序文件的读写操作

向顺序文件中写数据的语句有 Print 语句和 Write 语句。从顺序文件读数据的语句有 Input 语句、Line Input 语句和 Input 函数。

1．Print 语句

格式：Print #文件号, [表达式列表]

功能：将数据写入顺序文件中。

说明：Print 语句的使用方法与 Print 方法一样。若省略表达式列表，则写入一个空行。例如：

```
Open "d:\abc.txt" For Output As #1
Print "abcd", 5 + 10, 4 < 5, #2011-10-20#          '在窗体上输出
Print
Print "abcd"; 5 + 10; 4 < 5; #2011-10-20#
Print #1, "abcd", 5 + 10, 4 < 5, #2011-10-20#     '在文件中输出
Print #1,
Print #1, "abcd"; 5 + 10; 4 < 5; #2011-10-20#
Close 1
```

程序运行后，在窗体上显示和文件 abc.txt 中的内容如图 7.12 所示。

图 7.12　Print 命令运行结果

2．Write 语句

格式：Write #文件号, [表达式列表]

功能：将数据写入顺序文件中。

说明：表达式列表是要写入文件的数据。若省略表达式列表，则表示写入一个空行。

Write 语句和 Print 语句的主要区别是：用 Write 语句向文件写入数据时，在数据项之间自动插入逗号。若为字符串数据，则给字符串加上双引号；若为日期或其他类型数据，则自动加上"#"分隔。而 Print 语句写入数据时，系统不会自动添加分隔符。例如：

```
Open "d:\cba.txt" For Output As #3
Write #3, "abcd", 5 + 10, 4 < 5, Date
```

```
Write #3,
Write #3, "abcd"; 5 + 10; 4 < 5; Date
Close 1
```

程序运行后，文件 cba.txt 中的内容如图 7.13 所示。在使用 Write 语句写文件时，表达式之间用逗号或分号做分隔符作用是一样的。

3. Input 语句

格式：Input #文件号, [变量列表]

功能：从文件号指定的顺序文件中依次读取数据项，存入到变量列表中。字符型数据每项间以逗号或者回车符作为分隔；数值型数据每项间以逗号、空格或回车符作为分隔。

说明：变量列表中的变量类型应与文件中读取的数据类型一致。例如，数据文件 d:\a.txt 中内容如图 7.14 所示。

图 7.13 Write 命令运行结果

图 7.14 a.txt 中的内容

有如下程序段：

```
Open "d:\a.txt" For Input As #1
Input #1, c1,c2,c3,c4,c5,c6
Close
```

则读取到变量 c1 中的数据为字符串 a，读取到 c2 中的数据为字符串 b c，读取到 c3 中的数据为字符串 d;e，读取到 c4 中的数据为整数 10，读取到 c5 中的数据为整数 20，读取到 c6 中的数据为整数 30。

4. Line Input 语句

格式：Line Input #文件号, [变量]

功能：以行为单位从文件号指定的顺序文件中读取数据，存入到变量中。

说明：从文件中读取的数据将作为一个字符串存储到变量中。例如，从图 7.14 所示的 d:\a.txt 中读取数据。

有如下程序段：

```
Open "d:\a.txt" For Input As #1
Line Input #1, a
Line Input #1, b
Close
```

程序运行后，字符型变量 a 中为字符串 a,b c,d;e，字符型变量 b 中为字符串 10,20,30。

在读取顺序文件时，只要数据文件是文本文件形式即可，文件的扩展名可以为 txt，也可以为其他扩展名，如 dat 等。

5. Input$函数

格式：Input$(n,#文件号)

功能：返回从指定文件中读取的 n 个字符。n 为整型表达式。例如，若有数据文件 d:\b.dat，内容为字符串 abcdefghij。

有如下程序段：

```
Open "d:\b.dat" For Input As #5
x$ = Input$(6, 5)
Print x
Close #5
```

程序运行后，在窗体上显示：abcdef。即从 5 号文件中读取 6 个字符。

【例 7.3】 在 D 盘上有一个顺序文件 a.txt，该文件是由 25 个整数组成，两个数字间由空格分隔，如图 7.15 所示。通过顺序文件操作命令读取该文件，将所有数字读取到二维数组 arr(5,5)中，并在窗体上显示。

(1) 算法分析：打开文件后，按照数组输入方式，使用双重循环，利用 Input 语句逐项读取整数到数组元素中。

(2) 程序代码：

```
Private Sub Form_Click()
Dim arr(5, 5) As Integer
Open "d:\a.txt" For Input As #1
For i = 1 To 5
For j = 1 To 5
Input #1, arr(i, j)
Print arr(i, j);
Next j
Print
Next i
Close #1
End Sub
```

程序运行结果如图 7.16 所示。

图 7.15　a.txt 中的内容

图 7.16　运行结果

【例 7.4】 在 D 盘上有顺序文件 Char.txt，该文件由若干个英文单词组成，每个单词以空格分隔(最后一个单词后也有空格)，如"This is a sequential file Now we will read it "。通过顺序文件操作命令读取该文件，将每个单词分别显示在列表框 List1 中，并将 List1 的内容存放在 D 盘下的 B.txt 中。运行界面如图 7.17 所示。

图 7.17　运行界面

(1) 算法分析：本例题中顺序文件中的单词是以空格为分隔符的，如果使用 Input 语句来读取，整个字符串都会读到一个变量中，所以只能使用 Input 函数按字符读取。当读取到空格时，说明一个单词结束，并将其添加到列表框中。

(2) 界面设计：新建工程，在窗体上添加 1 个列表框，名称为 List1；添加 2 个命令按钮，名称分别为 Command1 和 Command2。Caption 属性分别为"读取"和"存盘"。

(3) 程序代码：

```
Private Sub Command1_Click()
Dim L%, word$, ch$
Open "d:\Char.txt" For Input As #1
L = LOF(1)                  '求文件的总长度(字符数)，详见 7.3.4 节相关内容
  For i = 1 To L
    ch = Input(1, 1)        '每次读取一个字符
    If ch <> Space(1) Then  '读取到的字符不是空格就连接到变量 word 中
      word = word & ch
    Else
      List1.AddItem word  '读取到的字符是空格说明 word 已经是一个单词
      word = ""             '添加到列表框后，将变量 word 清空
    End If
Next i
End Sub
Private Sub Command2_Click()
  Open "d:\b.txt" For Output As #2
  Last = List1.ListCount - 1         '将列表框最后一项的下标赋予变量 Last
  For i = 0 To Last
    Print #2, List1.List(i)
  Next i
  Close #2
End Sub
```

7.3.3　随机文件的读写操作

随机文件的读写操作是按记录进行的，相当于对一个二维表中的一行数据作为一个整体进行读写。对随机文件进行操作时通常使用自定义类型的变量来存放读写的记录。自定义类型变量中的各元素与随机文件记录中的各字段应相互匹配。随机文件的写操作用 Put 语句，读操作用 Get 语句。

1. Put 语句

格式：Put #文件号, [记录号], 变量

功能：将变量内容写入随机文件指定的记录中。该变量为自定义类型变量。

说明：若省略记录号，则将变量写入当前记录中。例如：

```
put #1, , s
```

表示将变量 s 的值写入到 1 号文件的当前记录中。

```
put #2, 5, s
```

表示将变量 s 的值写入到 2 号文件的第 5 号记录中。

2. Get 语句

格式：Get #文件, [记录号], 变量

功能：将随机文件中指定记录的内容读出到变量中。该变量为自定义类型变量。

说明：若省略记录号，则将当前记录的内容读出。例如：

```
Get #1, 5, s
```

表示将 1 号文件的 5 号记录的内容读出到变量 s 中，变量 s 应为记录类型。

```
Get #1, , s
```

表示将 1 号文件当前记录的内容读出到变量 s 中。

【例 7.5】 在 D 盘有一个随机文件"学生信息表.DAT"，该文件是以随机文件方式存储的表 7.2 中的内容。要求在 VB 窗体中，单击"读数据"按钮时将文件的内容读出，并在文本框中显示出来，每条记录一行。

记录信息为：

"姓名"	字符型	8 位
"年龄"	整型	
"专业"	字符型	10 位
"入学时间"	日期型	

单击"保存"按钮，将文本框的内容保存在同文件夹下顺序文件"学生信息表.txt"中。运行界面如图 7.18 所示。

图 7.18　运行界面

(1) 算法设计：对随机文件操作时，需要根据题目所给字段信息在通用声明处定义一个自定义数据类型，然后定义该类型的变量，利用读随机文件命令 Get 取出文件中的记录到自定义类型的变量中，并在文本框中显示。然后建立一个顺序文件，将文本框中的信息用 print 方法写进去。

(2) 界面设计：在窗体上添加 1 个文本框，名称为 Text1，MultiLine 属性设置为 True，如果数据文件中记录内容较多，也可以将 ScrollBars 属性设置为 2 具有垂直滚动条或者 3 具有水平和垂直滚动条；添加 2 个命令按钮，名称分别为 Command1 和 Command2；添加 4 个标签控件，各控件的 Caption 属性设置如图 7.18 所示。

(3) 程序代码：

```
Private Type stud          '按照题目要求定义自定义数据类型 Stud
  姓名 As String * 8 '随机文件记录长度固定，所以字符型数据要使用定长字符串
  年龄 As Integer
  专业 As String * 10
  入学时间 As Date
End Type
Private Sub Command1_Click()
  Dim s As stud                      '定义变量 s 的数据类型为 Stud 型
  Open "d:\学生信息表.dat" For Random As #1 Len = Len(s)
  '打开文件，并使用 Len()函数求出记录长度
For i = 1 To 5
  Get 1, i, s                        '每次循环读取 1 条记录到变量 s
  Text1 = Text1 & s.姓名             '将自定义类型的各字段显示在文本框中
  Text1 = Text1 & s.年龄
  Text1 = Text1 & s.专业
  Text1 = Text1 & s.入学时间
  Text1 = Text1 & vbCrLf             '每条记录最后使用符号常量 vbCrLf 换行
Next i
Close #1
End Sub
Private Sub Command2_Click()
Open"d:\学生信息表.txt" For Output As #2
Print #2, Text1.Text                 '将文本框的所有内容写入顺序文件
Close #2
End Sub
```

小贴士

　　随机文件"学生信息表.dat"不是文本格式，双击打开时看不到数据内容；顺序文件"学生信息表.txt"是文本文件，双击打开时可以启动记事本等程序打开，并可以查看到所有记录的内容。

7.3.4　文件的相关函数

1. 文件指针

　　文件打开后，系统会自动生成一个指针(隐含)，文件的读写就是从这个指针位置开始的。若文件是以 Append 方式打开的，则文件指针指向文件尾。若文件是以 Input、Output、Random 方式打开的，则文件指针指向文件开始位置(文件头)。当文件经过一次读或写操作后，文件指针会自动移到下一个读写操作的位置。例如，若有数据文件 d:\b.dat，内容为字符串 abcdefghij。程序代码为：

```
Open "d:\b.dat" For Input As #5
x = Input$(3, 5)
y = Input$(3, 5)
```

```
Close #5
```

程序运行后，变量 x 的内容为字符串 abc，变量 y 的内容为字符串 def。

打开文件 b.dat 后，文件指针指向文件的开始位置，第 1 次用 Input 函数读取文件时，将从开始位置的前 3 个字符赋予变量 x，即 abc，此时文件指针在字符 d 之前，所以第 2 次再使用 Input 函数要求读取 3 个字符时，即读取 def 到变量 y 中。

2．常用语句与函数

1)　EOF 函数

格式：EOF(文件号)

功能：用来测试文件是否结束。返回值为逻辑值。

说明：对于顺序文件，若已到文件尾，则返回 True；否则，返回 False。对于随机文件，当无法读到最后一条记录的全部数据时，返回 False。

2)　LOF 函数

格式：LOF(文件号)

功能：该函数的返回值为文件所包含的字节数，即文件的长度。

3)　LOC 函数

格式：LOC(文件号)

功能：对于随机文件，LOC 函数返回文件，读写当前记录的记录号；对于顺序文件，LOC 函数返回读写的记录个数。

4)　FreeFile 函数

格式：FreeFile()

功能：返回空闲的最小文件号。

说明：当应用程序打开的文件较多时，可利用此函数自动查找还未被使用的文件号。

5)　Seek 函数

格式：Seek(文件号)

功能：Seek 函数用来返回当前文件指针的位置。

6)　Seek 语句

格式：Seek #文件号, 位置

功能：Seek 语句用来将文件指针定位到指定的位置。

说明：位置是一个数值表达式。对于顺序文件，位置是从文件开头到指定位置的字节数；对于随机文件，位置是指定的记录号。

本章小结

本章主要介绍了通用对话框和文件操作。在 VB 中，对话框被分为 3 大类型：预定义对话框、通用对话框和自定义对话框。利用通用对话框可以实现程序中绝大多数比较常用的人机交互功能。其中"打开"对话框和"另存为"对话框中知识点较多，主要是各种常用属性的含义以及使用方法。在文件系统控件中，介绍了驱动器列表框(DriveListBox)、目录列表框(DirListBox)和文件列表框(FileListBox)的属性和事件。在文件操作中主要介绍了顺序文件和随机文件的概念，打开、关闭和读写文件的操作以及与文件读写操作有关的语句、函数。

习　　题

一、选择题

1. VB 的对话框分为 3 类，这 3 类对话框是_____。

　　A. 输入对话框、输出对话框和信息对话框

　　B. 预定义对话框、自定义对话框和文件对话框

　　C. 预定义对话框、自定义对话框和通用对话框

　　D. 函数对话框、自定义对话框和文件对话框

2. 对话框关闭之前，不能进行其他操作，这种对话框是_____。

　　A. 输入对话框　　　　　　　　　　B. 输出对话框

　　C. 模式对话框　　　　　　　　　　D. 无模式对话框

3. 要将通用对话框控件添加到工具箱中，应该在"部件"对话框中选择_____选项。

　　A. Microsoft ADO Control 6.0　　　　B. Microsoft Chart Control 6.0

　　C. Microsoft Common Dialog Control 6.0　D. Microsoft DataGrid Control 6.0

4. 设窗体上有一个通用对话框控件 CD1，希望在执行下面程序时，出现"打开"对话框，并且显示文本文件。

```
Private Sub Command1_Click()
   CD1.DialogTitle="打开文件"
   CD1.InitDir="C:\"
   CD1.Filter="所有文件|*.*|Word 文档|*.doc|文本文件|*.Txt"
   CD1.FileName=""
   CD1.Action=1
   If CD1.FileName="" Then
      Print"未打开文件"
   Else
      Print"要打开文件"& CD1.FileName
   End If
End Sub
```

但实际显示的对话框中列出了 C:\下的所有文件和文件夹，"文件类型"一栏中显示的是"所有文件"。下面的修改方案中正确的是_____。

　　A. 把 CD1.Action=1 改为 CD1.Action=2

B. 把 CD1.Filter=后面字符串中的"所有文件"改为"文本文件"

C. 在语句 CD1.Action=1 的前面添加：CD1.FilterIndex=3

D. 把 CD1.FileName=""改为 CD1.FileName="文本文件"

5. 使用通用对话框控件时，要在打开的对话框的标题栏上显示"保存文件"，应该修改通用对话框的　　　　属性。

  A. DialogTitle   B. FileName   C. FileTitle   D. FontName

6. 在通用对话框显示为"打开"或者"另存为"对话框时，如果对话框中列出的文件类型是"Word 文档"，即 doc 类型文件，则需将 Filter 属性设置为_____。

  A. Word 文档 |*.doc   B. Word 文档 |.Doc

  C. Word 文档 ||*.doc   D. Word 文档 ||.Doc

7. 在窗体上建立一个通用对话框，名称为 CD1，下面_____语句与 CD1.ShowColor 等价。

  A. CD1.Action=2   B. CD1.Action=3

  C. CD1.Action=4   D. CD1.Action=5

8. 以下语句正确的是_____。

  A. CommonDialog1.Filter=全部文件|*.*|图片文件|*.BMP

  B. CommonDialog1.Filter="全部文件"|"*.*"|"图片文件"|"*.BMP"

  C. CommonDialog1.Filter="全部文件|*.*|图片文件|*.BMP"

  D. CommonDialog1.Filter={全部文件|*.*|图片文件|*.BMP}

9. 顺序文件是_____。

  A. 文件中每条记录的记录号按照从小到大顺序排列

  B. 文件中每条记录的长度按照从小到大顺序排列

  C. 文件中记录的某关键数据项按从小到大顺序排列

  D. 记录是按照进入的先后顺序排列的，读出也要按照原写入顺序读出

10. 随机文件是_____。

  A. 文件的内容是通过随机数产生的

  B. 文件的记录号是通过随机数产生的

  C. 可以对文件中的记录根据记录号随机地读写

  D. 文件的每条记录和长度是随机的

11. 下列可以打开随机文件的语句是_____。

  A. Open "file 1 .dat" For Input As # 1

  B. Open "file 1 .dat" For Append As # 1

  C. Open "file1.dat" For Output As # 1

  D. Open "file1.dat" For Random As # 1 Len=20

12. 记录类型定义语句出现在_____。

  A. 窗体模块   B. 标准模块

C. 窗体模块、标准模块都可以　　　D. 窗体模块、标准模块都不可以

13. 以下叙述中正确的是_____。

　　A. 一个记录中所包含的各个元素的数据类型必须相同

　　B. 随机文件中每个记录的长度是固定的

　　C. Open 命令的作用是打开一个已经存在的文件

　　D. 使用 Input #语句可以从随机文件中读取数据

14. 在磁盘 C 的根目录下有 1 个名为 Sco.dat 的文件，内容为姓名、英语成绩、物理成绩、数学成绩，现依此文件在根目录中建立 1 个名为 Aver.dat 的文件，内容为姓名及 3 门课的平均成绩，但程序不完整，请填空。

```
Open "C:\Sco.dat" For Input As #3
Open "C:\Aver.dat" For Output As #2
While ____
   Input #3, na, eng, phy, Math
   Write #2, na, (eng + phy + Math) / 3
Wend
Close
```

　　A. EOF(3)　　　B. Not EOF(3)　　　C. EOF(2)　　　D. Not EOF(2)

15. 要建立一个学生成绩的随机文件，如下定义由学号、姓名以及 3 门课程的成绩组成的自定义类型数据，以下正确的定义是_____。

　　A. Type stud
　　　　no As Integer
　　　　name As String
　　　　mark(1 to 3) As Single
　　　End Type

　　B. Type stud
　　　　no As Integer
　　　　name As String*10
　　　　mark(3) As Single
　　　End Type

　　C. Type stud
　　　　no As Integer
　　　　name As String*10
　　　　mark(1 to 3) As Single
　　　End Type

　　D. Type stud
　　　　no As Integer
　　　　name As String
　　　　mark(1 to 3) As String
　　　End Type

16. 为了将表达式列表中的数据写入顺序文件，所使用语句的格式为_____。

　　A. Print #文件号 [表达式列表]　　　B. Print #文件号 ,[表达式列表]

　　C. Print [表达式列表], #文件号　　　D. Print [表达式列表] #文件号

17. 执行语句 Open "C:\Stu.dat" For Input As #2 以后，系统_____。

　　A. 将 C 盘下名为 Stu.dat 的文件内容读入内存

　　B. 在 C 盘下建立名为 Stu.dat 的顺序文件

　　C. 将内存数据放在 C 盘下的 Stu.dat 文件中

　　D. 将某个磁盘文件的内容写入 C 盘下的 Stu.dat 文件中

18. 要使目录列表框 Dir1 中的目录随着驱动器列表框 Drive1 中所选择的当前驱动器的不同而同时发生变化，则应该_____。

　　A. 在 Dir1 的 Change 事件中，书写语句 Dir1.Drive=Drive1.Drive

　　B. 在 Dir1 的 Change 事件中，书写语句 Dir1.Path=Drive1.Drive

　　C. 在 Drive1 中的 Change 事件中，书写语句 Dir1.Path=Drive1.Drive

　　D. 在 Drive1 中的 Change 事件中，书写语句 Dir1.Drive=Drive1.Drive

19. 在打开文件时，默认的文件打开方式是_____。

　　A. Output　　　　　　B. Random　　　　　C. Input　　　　　　D. Append

20. 文件列表框的 Pattern 属性的作用是_____。

　　A. 显示当前驱动器或者指定驱动器上的目录结构

　　B. 显示当前驱动器或者指定驱动器上某目录下的文件名

　　C. 显示某一类型的文件

　　D. 显示该路径下的文件

21. 下面_____不是 VB 的文件类控件。

　　A. DriveListBox　　　B. MsgBox　　　　C. DirListBox　　　D. FileListBox

22. 目录列表框的 Path 属性的作用是_____。

　　A. 显示当前驱动器或指定驱动器上的目录结构

　　B. 显示当前驱动器或指定驱动器上的某目录下的文件名

　　C. 显示根目录下的文件名

　　D. 显示指定路径下的文件

二、填空题

1. 为了让一个通用对话框 CommonDialog1 显示为"颜色"对话框，需要在代码中写 CommonDialog1.[1]=3。

2. 窗体上画一个通用对话框，名称为 CD1，然后画一个命令按钮，在按钮的单击事件中编写以下代码：

```
CD1.Filter="All Files(*.*)|*.*|Text files|*.txt|Bit Map|*.bmp"
CD1.FilterIndex=1
CD1.ShowOpen
MsgBox CD1.FileName
```

程序运行后，单击命令按钮，将显示一个 [2] 对话框，此对话框的文件类型中显示的是 [3] ，如果在对话框中选择 d 盘 abc 目录下的 note.txt 文件，单击"确定"按钮后，消息框中出现的提示信息为 [4] 。

3. 在窗体上有一个名称为 CD1 的通用对话框，一个名称为 text1 的文本框和一个命令按钮。执行程序时，单击命令按钮，则显示打开文件对话框，操作者从中选择一个文本文件，并单击对话框上的"打开"按钮后，可打开该文本文件，并读入一行文本，显示在 Text1 中，按钮的代码如下，请填空。

```
Private Sub Command1_Click ()
CD1.Filter ="文本文件|*.txt|(Word 文档)|*.doc"
CD1.Filterinder = 1
CD1.ShowOpen
If CD1.FileName<>""Then
Open  [5]  For Input As #1
Line Input #1,ch$
Close #1
Text1.Text =  [6]
End If
End Sub
```

4. 使用 Line Input 语句从顺序文件读取数据时，每次读出一行数据。一行数据是指遇到 [7] 分隔符，即认为一行结束。

5. 在用 Open 语句打开一个文件时，如果省略 For 关键字，则打开文件的默认方式为 [8] 方式。

6. 打开顺序文件时，以 [9] 方式打开，目的是将内容写入文件的末尾，不会影响文件原有的部分。

7. 以下程序的功能是：把顺序文件 smtext1.txt 的内容读入到内存，并在文本框 Text1 中显示出来。请填空。

```
Private Sub Command1_Click()
  Dim data As String
  Text1.Text = ""
  Open "abtext1.txt"  [10]  AS  [11]
  Do While  [12]
    Input #2, data
    Text1 = Text1 & data
  Loop
  Close #2
End Sub
```

参 考 文 献

[1] 龚沛曾. Visual Basic 程序设计教程[M]. 4 版. 北京：高等教育出版社，2013.

[2] 龚沛曾. Visual Basic 程序设计实验指导与测试[M]. 4 版. 北京：高等教育出版社，2013.

[3] 刘立群. 高级语言程序设计 Visual Basic[M]. 2 版. 北京：科学出版社，2015.

[4] 刘立群. 高级语言程序设计 Visual Basic 实训[M]. 2 版. 北京：科学出版社，2015.

[5] 张国胜. Visual Basic 程序设计教程[M]. 北京：清华大学出版社，2015.

[6] 教育部考试中心. 全国计算机等级考试二级教程：Visual Basic 语言程序设计[M]. 北京：高等教育出版社，2017.